U0182097

自然图解系列丛书

令人惊叹的蜜蜂

自然图解系列丛书

令人惊叹的蜜蜂

[西] 玛丽亚 · 桑切斯 · 瓦迪洛　著
国红坤　译

中国科学技术出版社
·北　京·

图书在版编目（CIP）数据

令人惊叹的蜜蜂 /（西）玛丽亚·桑切斯·瓦迪洛著；国红坤译. —北京：中国科学技术出版社，2023.12

（自然图解系列丛书）

ISBN 978-7-5236-0387-1

Ⅰ. ①令… Ⅱ. ①玛… ②国… Ⅲ. ①昆虫—青少年读物 Ⅳ. ①Q96-49

中国国家版本馆 CIP 数据核字（2023）第 236751 号

著作权合同登记号：01-2023-2022

Written by María Sánchez Vadillo

First published in the Spain language by Editorial Libsa, S.A.

Simplified Chinese translation rights arranged through Inbooker Cultural Development (Beijing) Co., Ltd.

策划编辑	王轶杰
责任编辑	王轶杰
封面设计	锋尚设计
正文排版	锋尚设计
责任校对	吕传新
责任印制	李晓霖

出　　版	中国科学技术出版社
发　　行	中国科学技术出版社有限公司发行部
地　　址	北京市海淀区中关村南大街 16 号
邮　　编	100081
发行电话	010-62173865
传　　真	010-62173081
网　　址	http://www.cspbooks.com.cn

开　　本	889mm × 1194mm　1/16
字　　数	240 千字
印　　张	10
版　　次	2023 年 12 月第 1 版
印　　次	2023 年 12 月第 1 次印刷
印　　刷	北京顶佳世纪印刷有限公司
书　　号	ISBN 978-7-5236-0387-1 / Q · 260
定　　价	128.00 元

目录

“到你们的田园中去，你们就会知道采集花蜜是蜜蜂的乐趣，而对于花朵，为蜜蜂提供花蜜也是乐趣。因为花朵对于蜜蜂是生命的源泉，蜜蜂对于花朵是爱的使者，蜜蜂与花朵，奉献与接受的欢乐既是需要，也是无比情愿的。”

美国诗人、画家卡里·纪伯伦

前言

保护某一物种，必先了解它。基于这样一种信念，本书旨在让读者体验奇妙的蜜蜂世界，尽管这些昆虫如此常见，实际上我们对它们却知之甚少。在听到“蜜蜂”这个词的时候，我们可能会立即联想到蜂蜜和螫针；然而，蜜蜂的种类超过2万种，其中大部分蜜蜂并不产蜂蜜，有些没有螫针。但它们都对花朵“情有独钟”，并肩负着一个基本使命：让大多数野生植物和作物得以繁衍。

本书试图从蜜蜂的共同起源、主要特点（世界上最好的授粉者），以及通过养蜂业与人类的关系等方面入手，向读者展示一个关于蜜蜂的全球视野。此外，我们还将介绍那些即使在科学层面也几乎不为人知的其他野生物种。我们还将深入探讨西方蜜蜂（*Apis mellifera*）令人惊叹的生活，自从人类开始观察它们以来，就对它们的社会组织格外关注，本书针对这些动物的奇特之处进行了一些描述，例如它们的智力和交流方式。

当人类意识到蜜蜂的数量突然急剧下降，它们

欧洲蜜蜂或西方蜜蜂栖息在花上。

授粉

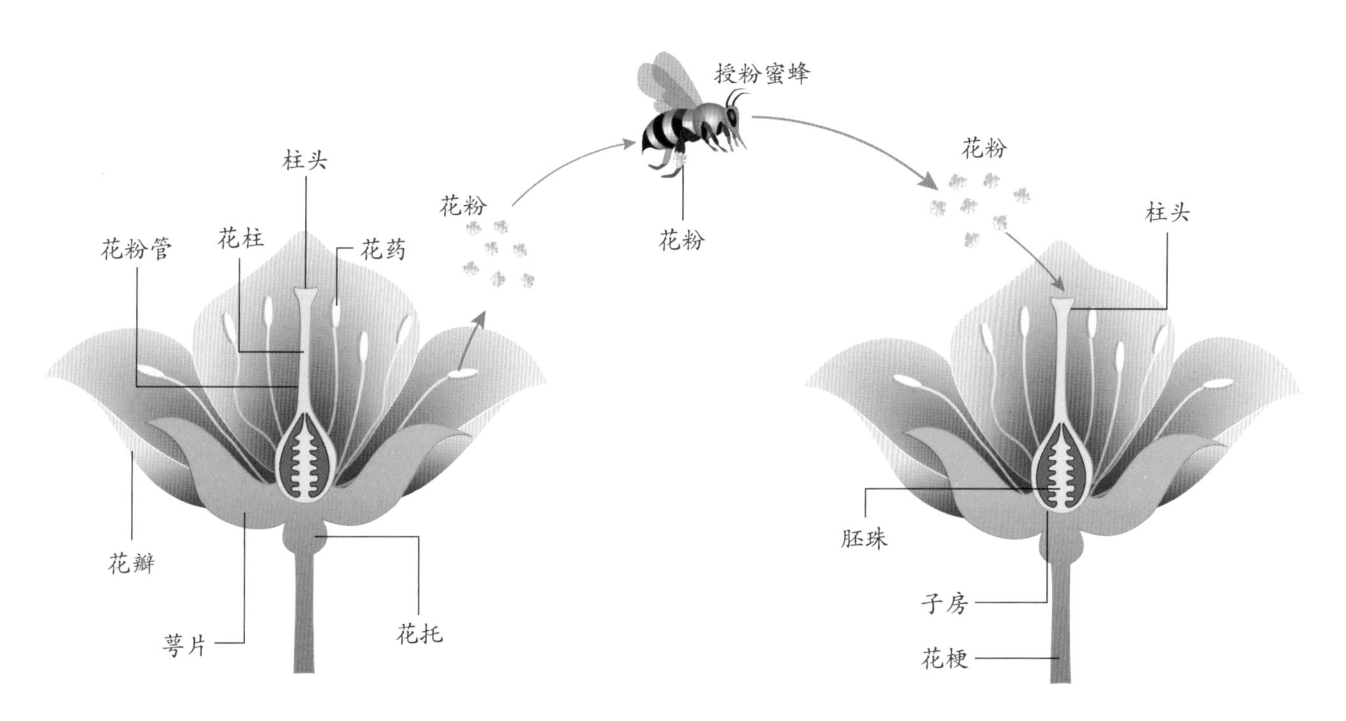

图示说明为何蜜蜂在授粉中起决定性作用，它们用腿和身体将花粉从一朵花的雄蕊（由花药和花丝组成，编者注）带到另一朵花的柱头上。

提供的免费且不可或缺的服务正在受到威胁时，人类才会认识到蜜蜂授粉功能的价值。蜜蜂的消失不仅影响了我们的食物供应，还会损害整个地球的生物多样性。实际上，蜜蜂的消失在全球范围内产生的影响尚未得知。没有了它们，除了人类的食物之外，开花植物和所有相关的一切都会消失。

这些都是近年来讨论的主题，因此，在本书中，我们深入研究了授粉过程、蜜蜂在其中发挥的基本作用以及数千年来花朵和蜜蜂之间存在的特殊“爱情故事”。人类不能忽视困扰这些昆虫的许多危险，包括自然的和人为的，应该从全球层面和个人层面提供解决方案，并包含简单的提示，以便每个人都能尽其所能作出贡献，确保蜜蜂继续为世界带来色彩，并确保人类因它们的存在而受益。

努力保护猩猩或雪豹等大型濒危物种是非常值得称赞的，但人类也不能忘记其他物种，尤其是那些不引人注目，但它们的功能对维持自然界的平衡至关重要的物种。

当一种植物处于开花高峰期时，西方蜜蜂会不眠不休地采集花粉。

引言

如今，蜜蜂的重要性已不言而喻。蜂产品的治疗效果是有目共睹的。据说，经过蜜蜂处理的所有物质都具有药用价值。众所周知，人类使用蜂蜜的历史至少可以追溯到公元前7000年，这要归功于西班牙比科尔普的洞穴中的一幅壁画，它见证了蜜蜂和人类之间的历史渊源。这幅画被称为“采蜜者”，因为它的画面看似是一名年轻女子在树上或悬崖上顺绳而下，几只蜜蜂盘桓飞舞在她的身边；她一手拿着收集蜂蜜的容器，另一只手伸进在岩石凹陷处的蜂巢里。

现在有大量信息表明，蜜蜂（不仅是蜜蜂，还有熊蜂和独居蜂）在为三分之一的农作物授粉、增加产量，改善水果质地和味道方面发挥着根本性作用。然而蜜蜂，这个人类最好的盟友正面临着前所未有的危机：据估计，欧洲每年有20%~35%的蜜蜂消失，而在美国，这一数字上升至50%。没有它们，我们将不得不失去杏仁、苹果、南瓜或甜瓜（仅举几个例子）等。

这些昆虫不仅使各种水果和蔬菜得以繁殖，还为90%的野生植物的繁殖提供保障。因此，它们的消失将导致目前人类已知的各种花卉（以及与之相关的动物群）的消失，随之而来的是植被的大量减少和由此导致的水土流失，这反过来又会加剧荒漠化问题的恶化。因此，可以说，没有蜜蜂，就没有生物多样性。

经过了新冠病毒危机，许多科学家已经认识到保护生态系统作为抵御新流行病的屏障的重要性。病毒和细菌一直伴随着人类。在保存良好且平衡的栖息地中，这些病原体分布在不同物种之间，不会影响人类。但是，当自然界发生改变或遭到破坏时，自然生态系统的屏障作用就会被削弱，增加了它们与人类接触和传播的风险，从而导致疾病的传播。人类的福祉直接取决于地球的健康状况。对自然和蜜蜂的投资是人类最好的疫苗。

蜂群的组成

工蜂
体重：100毫克
体长：12~14毫米

雄蜂
体重：250毫克
体长：15~17毫米

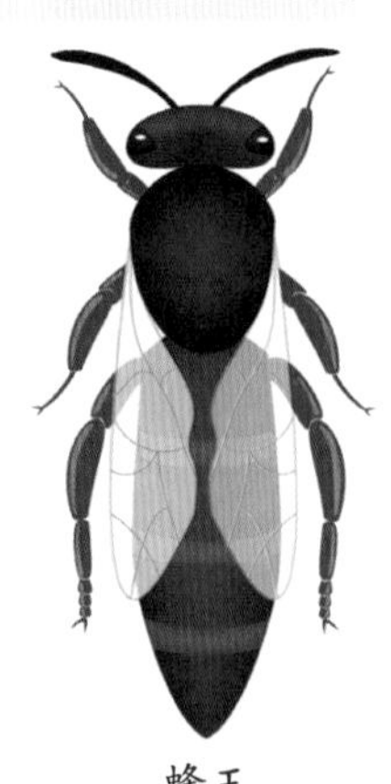

蜂王
体重：180~300毫克
体长：20~25毫米

蜂群由三种类型的蜜蜂——工蜂、雄蜂和蜂王组成。蜂王是唯一可以产卵的雌蜂。其卵子可以是受精卵，发育成工蜂；也可以是未受精卵，通过孤雌生殖，发育成雄蜂。雄蜂不能像工蜂那样采集花粉；它们在蜂群中唯一的作用是让蜂王受精，然后死亡。

蜜蜂是生活在蜂群中的社会性昆虫，每只蜜蜂都肩负着为了共同利益而履行的使命。

重要性和认识

加拿大学者、科学家和环境活动家大卫·苏祖基说："每天的新闻报道都记录了股市或债务拍卖的轻微涨跌。然而，我们忽略了大自然所提供的服务情况，如吸收二氧化碳和释放氧气、防止水土流失、水果和种子的授粉。授粉使陆地生态系统保持活力，没有它，经济系统就会崩溃。如果蜜蜂灭绝，人类也将不复存在。"

2017年12月，联合国大会第72届会议决定将5月20日定为世界蜜蜂日，旨在呼吁人们注意并提高对这种动物在保护生物多样性和人类食物方面所起作用的深刻认识。选择这个日期是因为这一天是现代养蜂业先驱安东·扬萨的生日，他曾任维也纳哈布斯堡宫廷教授。

蜜蜂正在发生什么？

这些重要的昆虫在世界范围内的减少是一个明显的事实，这一现象自20世纪80年代中期就开始了。不幸的是，情况日益严重，因此，对于世界任何地方的养蜂人来说，发现一个蜂巢的几乎所有成员（3万~8万只蜂）集体死亡并不罕见。这种在全球范围内急剧衰退的确切原因尚不清楚。据信，这是由于综合因素导致的，而不是某个单一的原因，这些因素使蜜蜂的处境变得非常困难。以下可能是它们面临的一些新问题。

- 自然栖息地丧失
- 单一栽培的滥用导致缺乏生物多样性
- 使用杀虫剂和其他对昆虫有害的化学品
- 水污染
- 寄生虫和真菌
- 与入侵物种，如胡蜂（*Vespa velutina*）竞争
- 气候变化造成的损害

什么是
蜜蜂？

分类和起源

人类都知道，或者自认为知道，什么是蜜蜂……它们从一朵花飞到另一朵花，生产美味的蜂蜜，也会蜇伤我们。听到“蜜蜂”这个词，读者肯定会想到酿蜜的蜜蜂……世界上有超过2万种不同的蜜蜂，而且还有很多种类没有被发现，其实际数量可能更多。它们存在于除南极洲以外的每个大陆上，几乎在每个有花可授粉的栖息地都有它们的身影。

鉴于丰富的多样性，它们之间存在差异并不罕见。就其行为而言，有些蜜蜂是群居的，有些是独居的，有些在地上筑巢，有些在洞里或木头中筑巢，大多数不产蜜。从形态上看，尽管它们都保持着一个基本的结构，但有些没有刺，有的长着或大或小的长鼻（一个细长的口器，就像一根小小的“吸管”，用它来吸取花蜜），或有不同的花粉储存机制。世界上最小的蜜蜂是群居的小型无刺蜂（*Trigona minima*），它们体长2.1毫米。最大的是冥王切叶蜂或华莱士巨蜂（*Megachile pluto*），这种蜜蜂体长39毫米，翼展64毫米，有巨大的下颚，被认为已灭绝38年，直到2019年初在印度尼西亚被重新发现。

分类学的分类

就科学分类而言，蜜蜂是节肢门动物，即具有由几丁质组成的体节，体表有外骨骼，属于无脊椎动物。这些节肢门动物是进化最成功的动物，因为世界上所有已知物种的80%都属于这一类。其中，蜜蜂属于昆虫纲，其种类最多，特点是有三对足，身体分为头部、胸部和腹部。这是一个非常古老的群体，因为它们是第一批在陆地上定居的动物；其化石可以追溯到4亿年前的泥盆纪。

它们是膜翅目昆虫，这个词来自希腊语：*hymen*是“膜”的意思，*pteron*指“有翅膀的昆虫”，因此，可以翻译为“有膜翅的昆虫”。该目还包括蚂蚁（它们的翅膀在繁殖时出现在可育的雄性和雌性身上）和黄蜂。蜜蜂总科（Apoidea）中的伪卷蛾科（Anthophila），该词本义是“喜花的昆虫”，这个名字非常适合蜜蜂。因此，蜜蜂和蚂蚁或黄蜂的基本区别之一是蜜蜂主要是素食昆虫。

起源

然而，它们并非一直是花的爱好者。它们共同的祖先被认为是银口蜂科（Crabronidae）的一种独居的掠食性胡蜂，生活在大约一亿年前的恐龙时代。当时，恰逢有花植物出现，据推测，胡蜂可能是无意中摄取了包裹着猎物的花粉，并逐渐开始用花粉代替昆虫来喂养它们的幼虫。于是，它们慢慢放弃了狩猎的习惯，转而去开发新的食物来源，而且，这也比要寻找和捕捉活的猎物更加省力。

新的饮食习惯自然也促进了这些有花植物的多样化和扩散。渐渐地，蜜蜂摄取花蜜和采集花粉的能力不断完善，甚至身体结构也发生了改变。因此，通过促进这些植物的繁殖和遗传多样性，蜜蜂与赖以生存的花朵同时进化，形成了完美的互惠关系，它们成了最有效的传粉者，从而使有花植物成为地球上的主要植被，这也有利于生物多样性的大幅度增加。

世界上最“古老”的蜜蜂

一只古老的蜜蜂与花粉粒一起嵌在琥珀中，于2006年在缅甸北部的一个矿区被发现。 它属于白垩纪晚期，距今超过一亿年。它体形很小，体长不到三毫米，被命名为*Melittosphex burmensis*。这是一个重要的发现，因为从形态特征来看，这个昆虫化石显然是一只蜜蜂（它甚至有用来收集花粉的分叉的毛发）；然而，它的外观更类似于黄蜂，因为它的腿保留了黄蜂的祖先特征，这表明它处于一种过渡状态。正因这一发现，人类才有可能知道这两种昆虫何时开始以不同的方式进化。之前的年龄纪录是由在美国新泽西发现的同样嵌入琥珀中的*Cretotrigona prisca*保持的，其年龄在7400万～9600万年。它与现代无刺蜂属的蜜蜂非常相似。

蜜蜂和兰花

蜜蜂和美丽的兰花有着特殊而甜蜜的关系……自2000万年前起，琥珀中的蜜蜂化石（由于其外骨骼系统的特殊性，昆虫不易以其他方式形成化石）就证明了这一点，在多米尼加共和国，人们曾发现一个蜜蜂标本，它是一只携带着兰花花粉的蜜蜂。这些花的起源比我们想象的要早得多，因为它们可能与恐龙共存。此外，这也证明了当时已有昆虫授粉。

兰花占所有开花植物物种的8%，由于其花朵的复杂性，兰花的授粉也很特别。经过数百万年的进化，它们变得十分特殊，以至于一些兰花品种只能由单一种类的昆虫授粉。

在多米尼加发现的蜜蜂标本中，该蜜蜂是一只已经灭绝的多米尼加无刺蜂，其胸背上附着着兰科植物的花粉（紧凑的花粉团）。这只蜜蜂可能刚刚吸食了一朵兰花的花蜜，而这朵花的花粉又沾满了这只蜜蜂全身，这时，一棵树的树脂将它永远地困住，使它能够以良好的状态保存至今。

科学分类

界:	动物界
门:	节肢动物门
纲:	昆虫纲
目:	膜翅目
亚目:	细腰亚目
科:	蜜蜂总科

身体构造

本节不但展示蜜蜂的外部结构（如下图所示），而且还将从这种昆虫的内部形态开始介绍，因为这种掠食性黄蜂的后代越来越适应它们的新素食，正如我们所见，它们发展出了特殊的身体结构来收集、储存和运输花粉。

内部形态

为了收集和携带花蜜回到蜂巢，蜜蜂发展出一种特殊的消化系统——嗉囊或蜜囊。它是消化管区域的扩展，类似一个装东西的袋子，袋子的壁非常灵活，用于贮存吸食的液体。它通过一块瓣膜与真正的胃隔开，这块瓣膜是一种控制进入胃的食物量的阀门，因此，只有用于为蜜蜂提供能量所必需的食物才会被转移，其余储存在蜜囊中的花蜜与上颚腺的分泌物混合在一起，这是酿造蜂蜜的必要条件。

味觉

某些种类的蜜蜂口器可能比它们自己的身体还长，如兰花蜂（蜜蜂科），它们需要口器来获取这些复杂花朵的花蜜；而在其他种类中（地蜂科、隧蜂科、拟蜜蜂科和短舌蜂科），蜜蜂的口器只有几毫米长，因此，它们只能获得浅处的花蜜。蜜蜂（工蜂）的舌头有六毫米长，熊蜂的舌头略长。其底部有一对唇腭，作为味觉器官。蜜蜂的味觉似乎不如其他昆虫敏感，因为它们不能区分糖液和纯水，也不能察觉苦味。这是因为蜜蜂需要收集含糖量很高的花蜜，以便将其转化为蜂蜜并保存过冬。

外部形态

蜜蜂具有昆虫的基本形态，即身体分为头部、胸部和腹部，三部分连在一起并能活动，还有六条足、四只翅膀和一对触角。

蜜蜂的外部骨骼或外骨骼（保护软器官，与脊椎动物不同）由坚硬而薄的外层（外骨骼）和内层（内骨骼）组成，内层更厚，由几丁质组成，这种物质赋予它力量和灵活性。由于其高度专业化的饮食，在整个进化过程中，蜜蜂甚至在身体上适应了新的情况，这就是它们具有特殊的机制和结构来收集花蜜和花粉的原因。它们的身体覆盖着丝质或敏感的毛发（甚至出现在蜜蜂的眼睛上）；大多数毛发长而略带羽毛状，可被风带入静电，因此花粉粒很容易黏附在它们身上。此外，这些毛发是它们的触觉器官，因为它们能探测到振动，这是蜜蜂感知声音的方式。接下来，我们将介绍蜜蜂其他外部特征，这是迄今为止研究最多的，突显了其物种特性。

头部

蜜蜂的头部容纳了大部分与感官相关的器官，尤其是视觉和嗅觉，对于寻找食物和社交至关重要。从正面看，其头部呈三角形，嘴在下角，两侧有两只巨大的眼睛，中间有一对触角。

眼部

蜜蜂的视力非常好，这在寻找花朵时是至关重要的。它们的两只巨大的复眼是由数以千计的单个光学单元组成的，这些单元为六边形的结构。因此，这种昆虫看到的是一个“像素化”的物体，就像马赛克一样，因为它感知到的光点与它眼睛里的分界线一样多。

我们可能都曾试图用手抓到苍蝇，知道这是多么困难的行为。原因是人类每秒能感知20～30个（有人说可达60个）图像，而苍蝇能看到250个，蜜蜂可达300个；也就是说，与人类相比，它们看到人类的动作就像在做慢动作。各类蜜蜂（工蜂、雄蜂和蜂王）都有不同类型的视觉，以适应它们的需要。蜂王有4290个小眼，只需一天时间完成婚飞，然后返回蜂巢；工蜂有6300个小眼，他们将终生使用这些小眼进行采集，躲避捕食者并返回家园。雄蜂的眼睛更大更鼓，有超过1.3万个小眼。对它们来说，视力是最重要的，因为它们的主要任务是找到婚飞中的处女蜂王并与之交尾。

就色彩感知而言，蜜蜂捕获的波长比人类短，所以它们看不到红色，而是将红色视为黑色。它们确实能看到电磁波谱区域紫外线一端的一系列色调，这是人类所看不到的。令人惊讶的是，许多花都显示出紫外线图案，以引导蜜蜂去采蜜。

由于蜜蜂大部分时间是在蜂巢内度过的，因此在弱光环境下也能看清对它们而言也是至关重要的。为此，它们有三个单眼，坐落在蜜蜂头部的中央，形成一个三角形，用来检测光的强度、波长和持续时间，并确定其工作时间的开始和结束。

触角

触角对蜜蜂而言是极其重要的，因为它们是蜜蜂的嗅觉、触觉和“听觉”器官（尽管如上所述，它们并不像人类一样听到声音，而是通过某些敏感的毛发感知声音的振动，这些毛发在触角上非常多）。触角位于面部中央。两个触角的距离很近，通过一层膜与头部衔接。每根触角由一个刚性部分（柄节）和一个柔性部分（鞭毛）组成，鞭毛被分为若干节段，雌性为12段，雄性为13段，就像一根空心吸管，有两条来自大脑的神经从中穿过。虽然它们也有嗅毛，但它们的主要是通过微小的漏斗状板接收气味。据估计，在工蜂的天线上有5000 ~ 6000个板状器官，在蜂王身上有2000 ~ 3000个，雄蜂可能有三万个。这是它们最重要的感官，能够识别数量惊人的挥发性化学物质，并且可以通过这些物质评估一朵花的质量，知道该花朵是否曾被另一只蜜蜂拜访过，或通过信息素感知来自同种生物的危险信号。信息素是生物体分泌的化学物质，目的是激起其他个体的特定行为，主要是同一物种的行为，但也可以是种间行为（例如，一些树木用其信息素吸引鸟类以抵御昆虫的攻击）。简而言之，它们是一种通过空气传递信息的通信机制，因此可以达到很远的距离。

就触觉而言，成年昆虫一般没有什么敏感性，因为它们的外皮很硬。但蜜蜂的毛发在底部与感觉神经相连，通过它们的运动探测气流或物体的接近。这些毛发分布在身体的各个部分，尤其是触角上的毛发，非常丰富。

嘴部

蜜蜂的嘴部由一对下颌骨和一个口器组成。下颚失去了典型的咀嚼功能，被用来揉捏蜂蜡和蜂胶，食用花粉，或在蜂巢中进行任何需要下颚的工作，如抓取、咬合或塑造成型。它们是水平移动的。工蜂的嘴部呈光滑的圆形，蜂王和雄蜂的嘴部

飞行的奥秘

不久前，蜜蜂和熊蜂的飞行还是一个科学之谜。航空工程师称，根据已知的空气动力学定律，考虑到它们身体的重量和翅膀的大小，它们应该无法飞行，因为它们应该没有足够的升力。但很明显，它们会飞，而且飞得相当好。它们向各个方向飞去，正如奥地利动物学家、伦理学家卡尔·冯·弗里施（1973年诺贝尔生理学或医学奖得主，以研究蜜蜂行为而闻名）所言，在风平浪静的情况下，它们的最大速度可以达到29千米/小时。

21世纪初，科研人员才揭开了这个谜团。美国加州理工学院的研究人员用一台特殊摄像机（拍摄速度可达6000帧/秒）拍摄了蜜蜂的飞行，他们发现，与其他飞行昆虫在145°~165°范围内扇动翅膀不同，蜜蜂甚至没有达到90°，但它们扇动翅膀的速度非常快，可达230次/秒。这种扇动的效率不如其他昆虫宽大缓慢的扇动，但可以获得更大的升力，这对它们很重要，因为它们要花很多时间悬浮在空中，获取大量的重物。

此外，加州理工学院的研究人员发现，它们的翅膀不是固定的，可灵活移动：当蜜蜂向后移动时，翅膀能够以90°的弧度进行扇动；当蜜蜂向前移动时，翅膀会旋转，形成涡流，使其身体能够在空中悬停。这一发现对于设计更高效的螺旋桨或更易操控的飞机可能非常有用。

在某些种类的蜜蜂中，口器可能比蜜蜂自己的身体还长。

边缘有小齿。在切叶蜂科的种类中，嘴部与身体其他部分相比是巨大的，因为它们也被用来切割树叶和花瓣来装饰它们的巢穴。

口器由一对大的上颚和一片呈方形的上唇组成。它不是一个永久性的器官，而是在必要时临时构成的，口器有一个非常有效的管子，用于吸食花蜜、蜂蜜或水。在休息时，它折叠在头部下方，在吸食液体时向前伸出。口器中有一个长长的、灵活的、有槽的舌头或舌苔。其末端是一种掸子，当蜜蜂舔食时，掸子向后折叠，从而将液体提升到口器中，通过一系列的肌肉运动吸起液体，并推进咽部，然后进入食道。

腺体

在蜜蜂的头部有两种腺体。唾液腺分泌物质与花蜜混合，也可用于软化蜂蜡，甚至溶解糖等食物，还有一种腺体生产蜂王浆，用于喂养幼虫和蜂王，由花粉、水、蜂蜜在某种温度条件下形成。

胸部

蜜蜂的胸部是身体的中心部分，包含了强大的肌肉束，这些肌肉束主要与运动有关，其他肌肉束也参与了头部和腹部的运动。它由三个部分或节段组成，每个部分有一对足，第二和第三部分有一对膜质翅膀。这些节段还有气孔，空气通过这些气孔进入胸腔进行供氧。

足

除了作为运动器官外，蜜蜂的足还起到清洁和工作元件的作用，这就是它们具有“特殊”结构的原因。它们是节段式的，由五个部分（包括基节、转节、腿节、胫节和跗节）组成。在末端有一对“爪”，蜜蜂用它来粘住粗糙的表面，在它们之间有一个吸盘（悬垫）用来粘在光滑的表面上。

前面的一对足是最短的，在清洁眼睛和触角方面起着重要作用，蜜蜂通过这些器官感知外部，探测食物，并与环境和其他同种生物发生联系。它们具有梳状结构，基部呈半圆形凹口，覆盖着一排刚毛，凹口闭合后留下一个与触角大小相同的孔。第二对足也带有毛刷，略扁平，内侧覆盖着毛发，用于清除胸部和翅膀上的花粉。最后一对足也是最长的一对，雌性蜂（唯一的收集者）在胫骨外侧有一个复杂的“花粉篮”（花粉筐），用来储存花粉和蜂胶。这是一个由略微向内弯曲的一排长刚毛包围的凹陷，确保花粉和蜂胶得以保留并运送到蜂巢。然而，并非所有类型的蜂都有这种花粉篮。切叶蜂科的成员将花粉积聚在其腹部腹侧略带黏性的纤毛中；与花粉篮相比，这是一种效率较低的机制。拟蜜蜂科的成员将运输的花粉置于其消化道中。

翅膀

蜜蜂有两对翅膀，但是看起来似乎只有一对，因为后翅比前翅小，在蜜蜂休息时被折叠在前翅下

降落的奥秘

多年前，就像蜜蜂神秘飞行的情况一样，蜜蜂奇怪的着陆过程也是科研人员通过高速摄像机发现的。澳大利亚昆士兰大学的一个研究小组设计了从具有水平到垂直甚至直立等不同倾斜度的屈折面，并记录了蜜蜂如何在每个表面上降落。如果表面平坦或倾斜度很小，蜜蜂首先用它们的后腿接触到表面，然后轻轻放下身体。如果表面非常陡峭或垂直，蜜蜂就会好奇地用它们的触角进行接触，就像评估跑道一样，然后它们用前腿着地抓住表面，接着是第二和第三对。研究人员得出结论，这些动物天生就被设计成落在坡度不超过60°的表面上，并认为许多植物的花瓣正好具有这样的倾斜度，以方便传粉者降落。

雌性腹部可见的有六节。

面。当它们要进行长距离飞行时，通过翅钩将前翅和后翅连接在一起，形成一个大翅膀，使它们能够更快地飞行；另一方面，如果它们想悬停在空中以探花时，就会松开翅钩。除了飞行能力以外，翅膀还是一个强大的风扇，对于蒸发蜂蜜中多余的水分或在夏天为蜂巢降温非常有用，还可以产生特殊的声音用来与同伴相互交流。四个翅膀具有膜质结构，并由一系列翅脉加强，从而起到支撑作用，这些翅脉是血淋巴（节肢动物的血液循环系统）循环的小管。它们在每个物种或种族的蜜蜂中都是不同的，因此对于识别不同蜜蜂非常有用。

腹部

蜜蜂腹部由九个部分组成，其中蜂王和工蜂的腹部是由六个可见的环节组成，雄蜂有七节。其内部有许多基本的器官。每一环节都有一块背板或“背骨”和一块腹板或“胸骨”，由柔性膜连接在一起，从而可以进行大量的运动。“背板”上有一个小孔或气孔，它们通过一个与气囊相连的空心管（气管）进行呼吸。

在工蜂腹部最后四节的腹板上，有四个椭圆形的浅色区域，称为“镜膜”，这就是蜡腺。在蜜蜂生命的某个阶段，这些腺体分泌出一种液体，与空气接触后变硬，形成蜡片，蜜蜂会用嘴将蜡片塑造成蜂巢。在腹部的背面是臭腺或纳萨诺夫氏腺，它释放一种信息素，使同一蜂群的个体之间得以识别。正如我们意识到每所房子都有自己的气味一样，每个蜂巢对蜜蜂来说也有不同的气味，它们不会允许任何有不同气味的入侵者进入。

雌性蜂腹部的末端是它们具有代表性的特征，也是许多人害怕的防御装置，而雄蜂则没有这种防御装置。防御装置有两个产生毒液的腺体（一个呈酸性，另一个呈碱性）、一个储存毒液的囊泡和蜂针，通过蜂针将毒液注入受害者身上。蜂针是一个经过改造的产卵器（产卵附属物），用于注射蜂毒；它由三个边缘呈锯齿状的活动部分组成：一个探针和两个刺针。在蜇人的瞬间，刺针交替移动，撕裂表皮，为插入一半长度的探针（长2.0毫米，直径0.1毫米）让路。然后，毒囊收缩，而针的底部施加轻微的吸力，使毒素渗透到受害者体内。在西方蜜蜂中，刺针呈钩状，加上刺针的倒钩，使刺针一旦插入就无法拔出，因此，蜜蜂会撕裂腹部试图飞走，并在几分钟内死亡。蜂王和其他蜂种的刺是直的（如黄蜂），所以它们蜇人后不会丧命。然而，这些动物尽管听起来可怕，却根本没有攻击性，只是用蜂针来保护自己。它们的首要意图永远是逃离，除非它们感到对自己、蜂王或蜂巢确实存在危险。此外，还有无刺蜜蜂，属于毛脚花蜂科（Melittidae）。

繁殖

世界上存在的各种蜜蜂均有其自身的特点和行为，大致可分为群居蜂（仅占总数的10%，包括普通蜜蜂、无刺蜂、木蜂和熊蜂，而且只有蜂王才会繁殖）和绝大部分的独居蜂（所有的雌性都能生育并有自己的后代）。

在上述两个主要群体中（群居型和独居型），雄蜂的唯一作用是与处女蜂王交尾；事实上，它们缺乏储存花粉或制造蜂蜡的必要结构，但它们的基因对蜂巢的延续至关重要。然而，雌性蜂的功能显示出一些差异。它们都是在“出生”后不久即作为成年蜂进行交尾，然后对异性失去接受能力。从这时起，独居雌性蜂将致力于建造巢穴或育雏室，并为其未来的后代提供食物，而对于群居蜂，如西方蜜蜂，产卵是蜂王的唯一责任，它的余生都致力于这项任务，让不育的女儿们负责育雏和其他工作。

蜜蜂有一夫一妻制（只与一个异性同系物种交配）和一夫多妻制（与几个异性交配）的物种。虽然野生蜜蜂的世界还不为人知，但一般来说，大多数雌性蜜蜂在其一生中与一个或多个雄性蜜蜂繁殖一次，除了熊蜂（*Bombus*）在秋季繁殖以外，它们通常在春季进行繁殖。根据物种的不同，已知雄蜂基本上遵循两种策略：等待或寻找。在一些独居物种中，雄蜂比雌蜂早几天变态，并在巢的入口处等待雌蜂，或栖息在附近的花上，雌蜂会到那里去获取食物。

然而，在其他类型中，特别是在群居型中，交尾是在空中进行的，在所谓的“婚飞”中，几只雄蜂与一只雌蜂交尾，直到雌蜂在受囊（接受并贮存精子的特殊器官）中收集到足够其一生（如果是独居蜂，则为几个月，如果是群居蜂，则为四年）中产卵的精液。

存在一些蜜蜂集体交配区，年复一年，雄蜂

蜂王的人工授精

左图是从雄蜂体内提取精子以便对蜂王进行人工授精的过程。中图是将精液注入蜂王体内的工具。右图是养蜂业中用于饲养蜂王幼虫的蜂巢。

雄性和雌性

哺乳动物的性别是由我们拥有的两条染色体（XX或XY）决定的，一条来自父亲，一条来自母亲。然而，蜜蜂的情况并非如此：尽管雌性有两组染色体（二倍体），但雄性只有一组（单倍体），即母亲的染色体，因为它们是由未受精的卵细胞（它们没有父亲）通过一个称为孤雌生殖的过程发育而来的。这个系统被称为单倍二倍体。雌性蜂将精液储存在它的受精囊中，并在需要时使用，控制它产生受精卵还是未受精卵，受精卵将产生雌性蜜蜂，未受精卵将产生雄性蜜蜂。母亲对后代的选择有时取决于可用的资源，因为在许多物种中，雄蜂体形较小，需要的食物也较少。在蜜蜂蜂巢中，这种繁殖形式意味着蜂群中的个体都是同一蜂王的后代，它们彼此的关系比正常的兄弟姐妹更加密切，因为雄蜂携带了100%的母体DNA。这被认为与完全社会性行为（动物中最高级别的社会组织）的发展有关，并进行利他主义行为。

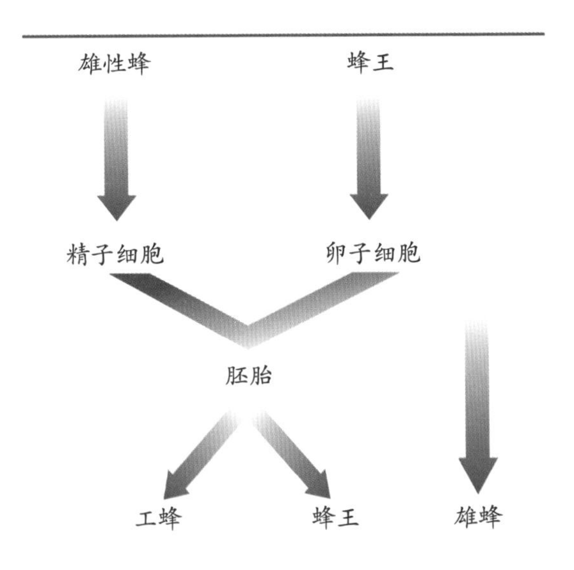

图为一只幼蜂从蜂巢中出来的正面微距照片。

“云”或雄蜂群（每个雄蜂群有30只或更多成员）聚集、形成并在几秒钟内消失，但目前还不知道它们为什么选择这些场所。在某些物种中，雄蜂在交配后死亡。

蜜蜂有不同的策略来避免近亲繁殖。例如，当它们寻求形成新的蜂群时，部分蜂群会与蜂王一起离开旧蜂巢，远离它们以前的家。雄蜂也会在远离其出生地的地方寻找它们的交配区，蜂王也是如此，它会与几个雄性交配。但没有什么是绝对的，由于遗传多样性低，可能会出现“异常雄蜂”。这些雄蜂有两组染色体（如雌性）而不是一组，但两个性别基因是一样的（在工蜂中它们是不同的），这意味着它们不能繁殖或工作；由于它们对蜂群没有任何有用的功能，它们一出生就被工蜂吃掉。其他物种，如无刺蜂不能进行这种杀婴行为，因为在产卵后，它们会封住幼虫发育的巢室。如果工蜂们发现异常的雄蜂开始孵化，就会杀死蜂王，用一个女儿取而代之，这个女儿将有机会与非家族的雄性交尾，从而确保蜂巢的存续。

生命周期

作为完全变态发育的昆虫，蜜蜂在其一生中会经历不同的阶段，直到它们完全成熟。总体来说，这些阶段包括卵、幼虫、蛹和成虫阶段，下面将进行详细介绍。

一旦受精，雌蜂就会返回巢穴开始工作。在许多独居蜂中，每个卵都产在一个巢室中，而这个巢室之前已经放好花粉和花蜜的混合物。产卵后，雌蜂离开巢穴，在还未见到自己后代的情况下死去。没有父母的照顾，后代只能依赖所留下的食物。此外，幼虫在整个发育过程中可能会受到群居成员的喂养和保护。

在幼虫阶段，所有的蜜蜂都与人们所认识的大不相同：它们的外表像无头无腿的蠕虫，但它们的胃很大，几乎和它们的身体一样大，因为它们唯一的目标就是吃和生长。因此，在经历了几次蜕变之后，变态的时刻到来了，这是幼虫和成虫之间的步骤。在这个被称为蛹的阶段，它们会分泌一种黏稠的液体，与空气接触后会凝固，产生丝状物，用它形成一个半透明的茧。在那里，它们的外部会休息，而在它们身体内部，幼虫结构将被破坏，内部器官进行改造和分化，形成成虫器官。根据物种的不同，完全成形的成虫会在几天后或冬眠后的第二年春天出现。

温带气候下的大多数独居和半群居蜜蜂以成虫或蛹的形式越冬，并在春天许多植物开花时出现。在寒冷的时期，它们进入一种被称为滞育的状态，在这种状态下，它们会最大限度地减慢新陈代谢。在夏季和秋季飞行的蜜蜂在完成变态之前会滞育，当温度

生命周期

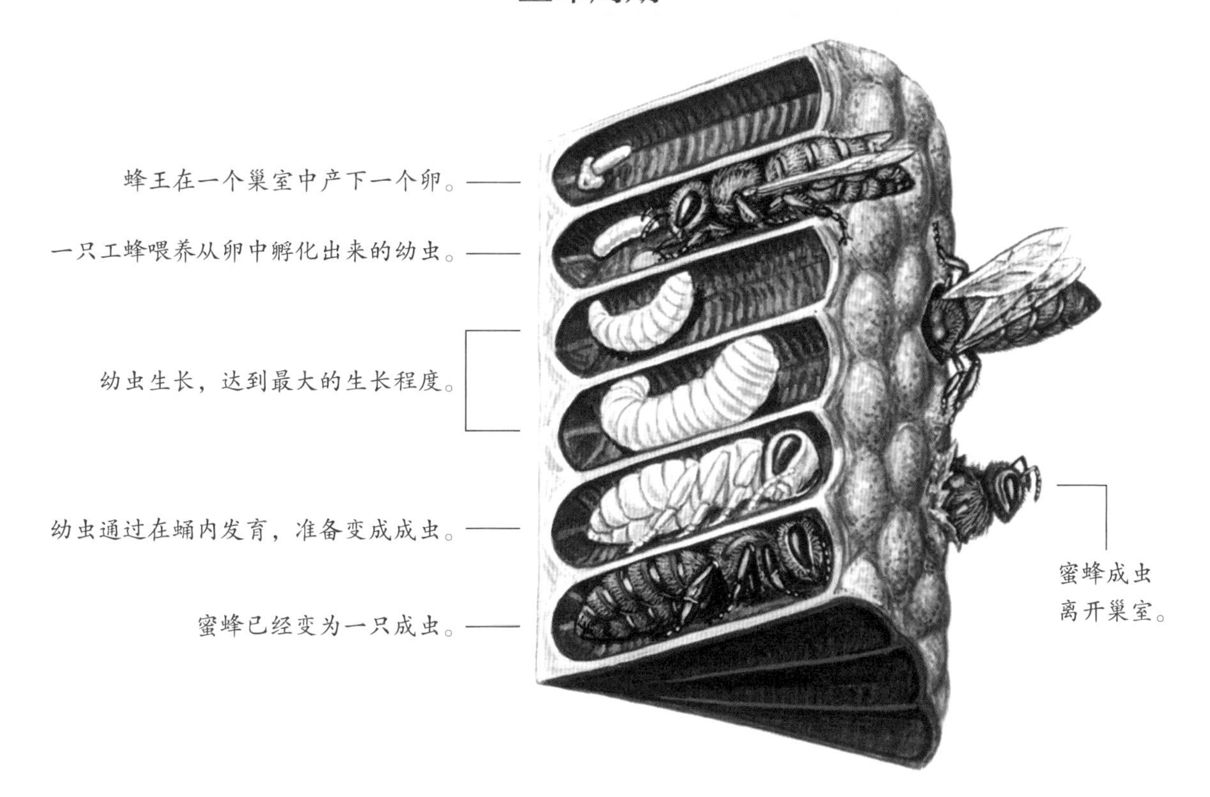

升高时会重新激活发育。春天飞翔的蜜蜂在冬天之前经历了变态过程，作为成虫还会在蜂蛹内冬眠。

其他一些蜜蜂，如熊蜂，不需要滞育，因为它们全年保持家园温暖，并可以在阳光明媚的冬日重新活跃起来，这时很容易看到它们以最早的花粉为食。而热带蜜蜂每年可以繁殖好几代且不冬眠。

大多数物种在一年内完成其生命周期，之后成虫在产下下一代的卵后死亡。也有例外，如前面提到的蜜蜂，如果生存环境好，蜂王的寿命可达五年，而熊蜂成年后可以再存活两年。

西方蜜蜂的生命周期

鉴于蜜蜂的家庭性质，蜜蜂在成为成虫之前所经历的各个阶段是众所周知的。蜂王在冬末开始寻找干净的空巢，在每个空巢中产下一颗1.0～1.5毫米长的卵（约为大米粒的一半大小），通过黏液丝附着在巢房的底部。第一天，它是直立的；然后它会逐渐躺下，第三天，一个半透明的幼虫孵化出来，很快变成白色。新孵化的幼虫蜷缩在巢房底部，呈C形，由“哺育”蜂（年轻的工蜂）喂养，它们会在幼虫出生后的前三天给它们喂食蜂王浆，之后三天喂食花粉和蜂蜜的混

西方蜜蜂的类型

在蜂群中，有一个基于性别的社会结构，每个居民将有不同的特点，以便有效地为社区服务。

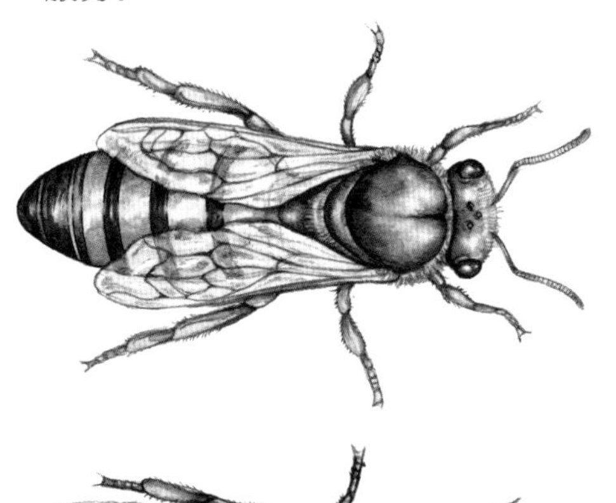

蜂王

发育周期为16天：

- 卵期为3天；
- 幼虫期为6天；
- 蛹期为7天；
- 在蜂巢中蜂王的寿命最长，可达4～5年。

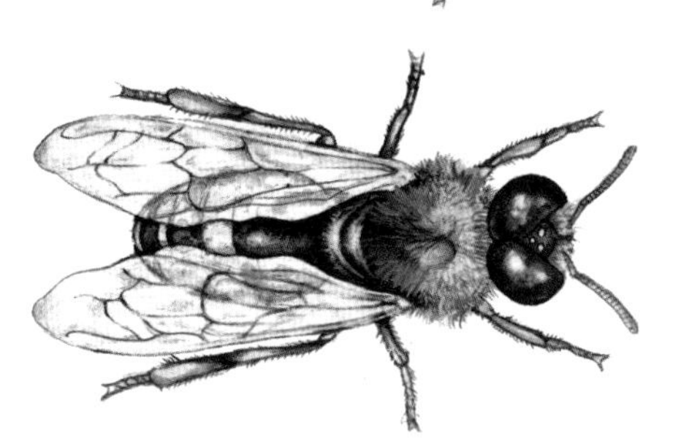

雄蜂

需要更长的时间来发育，为24天，因为它们的体形比工蜂大：

- 卵期为3天；
- 幼虫期为6天半；
- 蛹期为14天；
- 其寿命约为3个月。

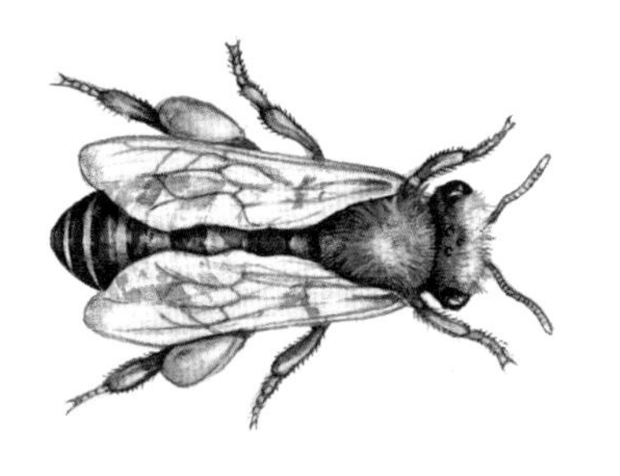

工蜂

发育周期为21天：

- 卵期为3天；
- 幼虫期为6天；
- 蛹期为12天；
- 其寿命通常为40～45天，除了在秋天出生的工蜂以外，它们将在蜂巢中度过整个冬天，时间为6～8个月。

合物，这称为蜂蜜面包，而那些注定要成为未来蜂王的幼虫，它们将在余生中继续食用蜂王浆。

幼虫贪婪的食欲会使它们的体重增加1000倍，并使它们的长度从不到3毫米增加到工蜂的17毫米。它们不适合蜷缩起来，很快就需要在巢房中伸展身体，头朝上，为变态做准备。这时，成年工蜂用蜂蜡和花粉制成的盖子（称为封盖）封住幼虫发育的蜂室，但空气和气味可以流通。在那里，它们保持一两周的封闭状态（取决于蜂的类型），同时会发生完全转变：头部和腿部开始分化，它们的颜色从白色变为深褐色，成虫的内部器官形成，翅膀和特有的毛发出现。最终，成蜂形成，它用下颚咬破巢房封盖，寻找食物，以补充能量并开始工作。这只刚刚羽化的成虫具有非常明显的特征，因为它比它的姐姐们更小，毛发更密，颜色更加金黄。

众所周知，西方蜜蜂幼虫所食用的食物类型将决定它是工蜂（如果它吃蜂蜜面包）还是蜂王（如果它只吃蜂王浆），但其原因此前并不清楚。最近南京大学的科学家发现：这是因为植物中的微小核糖核酸（microRNA，一种影响基因的核糖核酸分子）会导致生长迟缓并使工蜂的卵细胞不活跃。这种分子在蜂蜜面包中很丰富，而蜂王浆中的微小核糖核酸含量要少得多，因此蜂王的体形较大，而且是唯一能正常产卵的蜜蜂。

南非蜜蜂

南非蜜蜂或开普敦蜂（*Apis mellifera capensis*）是一个非常奇特的亚种，因为除了像其他蜜蜂一样繁殖之外，这种蜜蜂还可以在没有雄蜂的情况下进行繁殖。事实证明，由于一种不正常的细胞分裂方式，该亚种的许多工蜂可以在不受精的情况下产下二倍体卵（有两条染色体链）。卵子会发育成新的雌性，它们将是原始卵的复制品。如果蜂群没有蜂王，这种繁殖策略可以使蜂群得以延续，还有另一个目的：征服不同亚种——非洲蜂（*Apis mellifera scutellata*）的蜂巢。它们入侵对方的蜂群，一旦进入，宿主蜂王就会消失，使开普敦蜂成为唯一能够繁殖的蜂群，形成“伪克隆”。这种现象是可能的，因为这些入侵的工蜂可以通过散发“蜂王气味”成为假蜂王，这是一种双重迷惑非洲蜂群的信息素。一方面，这种气味向它们的工蜂发出信号，告诉它们已经有一个蜂王，所以它们不需要再饲养其他蜂王；另一方面，这种气味会引导工蜂照顾和哺育克隆的卵和幼虫，甚至比对它们自己的卵和幼虫还要好。

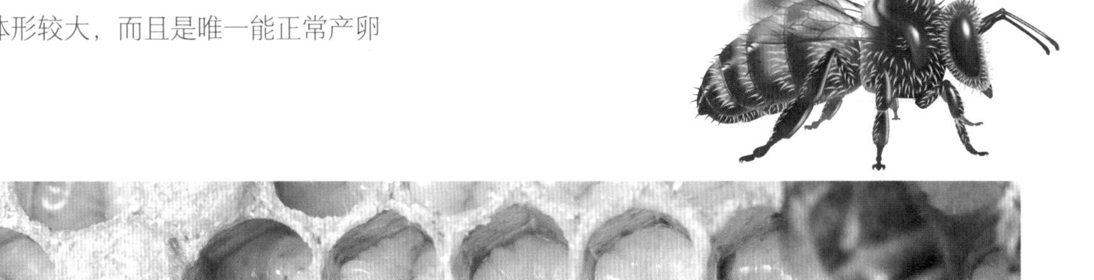

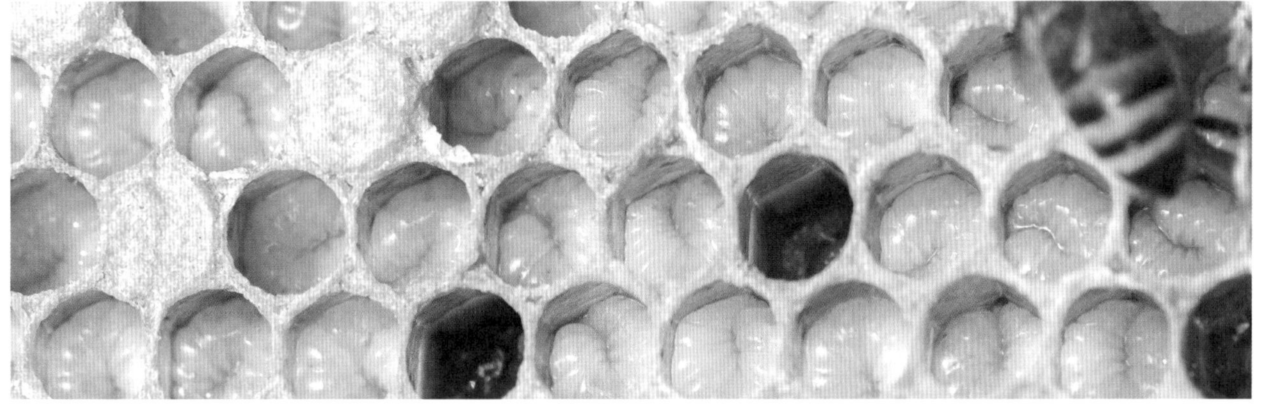

西方蜜蜂的幼虫吃的食物类型将决定它是工蜂（吃蜂蜜面包）还是蜂王（只吃蜂王浆）。

筑巢和蜂巢

包括蜜蜂在内的所有母亲的目标都是让它们的后代发育得强壮和健康，以延续这个循环。因此，选择在哪里养育它们的后代至关重要，每位母亲都会根据自己的风格，安排最合适的空间。一般来说，蜜蜂喜欢阳光充足、有大量鲜花的地方，但根据每只蜜蜂的习性，每个巢穴也有很大的不同。

虽然最著名的巢穴是蜂巢，但独居蜂会营造其他更为隐蔽且同样有效的庇护所。

独居蜂选择营巢的地方很多，可以是它们自己在地上挖的洞，也可以是小动物遗弃的洞穴，还可以是天然或人工的洞穴、缝隙，甚至是蜗牛壳。

与众所周知的蜂巢不同，这些庇护所通常非常隐蔽，所以肉眼很少能看到它们。有的独居蜂在每个巢穴中产一个卵，有的则把每个巢穴分成几个育雏室，把未来的雄蜂放在最前面，这样它们就可以在雌蜂出现之前前往交配地点；这些巢房中提供一种混合物（通常是花粉和花蜜），幼虫将以此为食。产卵后，它们会封住巢穴，以防止螨虫和捕食者进入，然后就会弃巢而去。一些独居蜂家族比其他家族更具社会性，它们的巢穴彼此靠近，形成聚集，甚至可能共享同一个公共巢入口，但它们很少相互合作。

在独居蜂中也存在寄生形式，称为布谷蜂，它们的行为与布谷鸟相同：它们把卵产在其他类型的蜂的巢穴里，以便由它们来饲养幼虫。这种行为被称为盗寄生。这是一种喂养策略，一种动物通过从另一种动物那里偷取食物而生存，而另一种动物则收集或猎取食物，这在鸟类中是一种很典型的行为。这些蜜蜂利用其他蜜蜂的疏忽进入其巢穴，在已经提供了食物的蜂室中产卵。孵化后，寄生蜂幼虫会杀死宿主并吃掉储存的食物。目前已知的寄生蜂有43种，但专家表示可能还有更多。

具有社会性的蜜蜂有两个不同的类别。伪社会性蜜蜂比独居蜂进化程度更高，并建立了相对等级化和有组织的群体。它们形成小群落，正如熊蜂一样，其中的蜂王或受精的雌性蜂是唯一能在冬天存活下来的成员。真社会性蜜蜂建造大型巢穴，蜂王在蜂巢中产下数百或数千个卵，这些卵由工蜂照料。

图为真社会性蜜蜂群。

塑料问题对蜜蜂的影响

塑料污染现已成为全球最大的环境问题之一。这种源自石油的材料需要数千年的时间才能分解，污染水质并毒害动物，从而对人类健康造成危害。这种影响同样也波及蜜蜂。阿根廷科学家在《养蜂学》杂志上发表了2019年发现的第一个完全由塑料制成的蜂巢。这一发现是偶然的，因为研究人员正在研究各种动物物种在农作物授粉中的重要性，为此他们放置了木块，每个木块的一端都有一个洞，以便昆虫可以在里面营造它们的巢穴。

在某些情况下，蜡质巢房变成了塑料巢房。

令人惊讶的是，当他们检查这些巢穴时，发现其中一个完全由塑料制成，这个塑料蜂巢由三个独立的单元组成：其中一个尚未完成，另一个有一只死去的幼虫，第三个是空的，成年蜜蜂已经弃巢而去。由于幼虫已经死亡，无法确定其物种，但研究人员认为这可能是苜蓿切叶蜂或其幼虫，这是一个来自欧洲的物种，已被引入所有大陆（南极洲除外），以便为苜蓿花进行商业化授粉。在发现这第一个塑料巢的几个月后，澳大利亚科廷大学发现一些本地蜜蜂在用于房屋保温的发泡聚苯乙烯板表面筑巢。研究员基特·普伦德加斯特（Kit Prendergast）表示："蜜蜂已经学会在合成物表面筑巢，这证明了它们适应新环境条件的能力。"

最美丽的巢穴

花壁蜂（*Osmia avosetta*）是一种原产于亚洲西南部的独居蜂，它建造的巢可能是最美丽的。受精后，雌性花壁蜂就会挖出一个带有一对育雏室或蜂室的小隧道，然后用花瓣重叠覆盖每个蜂室的墙壁，并用泥巴粘在一起。然后，它把幼虫的食物（花粉和花蜜）涂在内壁上，在育雏室内产下一个卵，把内部的花瓣折叠起来，再用泥封住入口，最后再叠一层花瓣，这个过程可能需要两天。巢穴很快就会变硬，形成一个彩色的椭圆形保护壳，可以防水和抵御捕食者。

木头上的一条缝隙可能就足以让蜜蜂筑巢。

群居蜂种（如西方蜜蜂）不仅建造非常精致的巢穴，还具有复杂的、高度等级化的社会结构和明确的等级制度（蜂王、工蜂和雄蜂）。白蚁和蚂蚁也具有相同的特征。群居蜂的幼虫在整个成长过程中会受到工蜂的照顾和喂养。与独居蜂不同的是，独居蜂一生中只产几个卵，而群居蜂在合适的条件下，如果食物充足，蜂王每天可以产500～3000个卵。在野外，这些蜜蜂会选择在树或岩石中的空穴来建筑蜂巢，但世界各地的蜜蜂（包括伪社会型和独居型）会在土壤里、带有廊道和巢室的小洞中筑巢，如有可能，它们会选择没有植被的干燥基质，以避免真菌在内部繁殖。虽然这些巢穴的结构相似，但筑造的地点和材料各不相同。

有些蜜蜂用泥巴、树脂、蔬菜糊、树叶或花瓣筑巢和封巢。而其他类型的蜜蜂，即所谓的木匠蜂，有强壮的下颚，它们用下颚在干燥的木头上钻孔，然后将锯末与它们的唾液混合，形成一种糊状物，用它来建造巢穴的蜂房或蜂室。

工蜂们在蜂巢内建造巢房，这里将成为幼虫的私人住所。

蜂房

蜜蜂的蜂房可能是自然界中一直以来最吸引人类注意的结构之一，它看起来像一组六边形隔间。实际上，它不仅仅是一个巢穴，因为它还是蜜蜂的庇护所、保温层、蜂蜜工厂和食物仓库。

蜂房是由工蜂（此处特指12～18天大的工蜂）通过特殊的腺体分泌的液态蜡制成的，在与空气接触后，液体蜡变硬，形成薄片，工蜂通过口将薄片塑形并与唾液混合，然后传递给负责建造蜂房的其他工蜂。

在自由状态下，蜜蜂的蜂巢位于干燥的树木或岩石的空腔中。它们由若干个相互平行的垂直蜂巢组成，从这些空腔的顶部开始堆积，然后向下垂下，形成一种蜡舌。蜂蜜储存在两端的蜂巢中，这也起到隔离的作用，蜂王和幼蜂居住在中央的蜂巢中，这里可以受到更多的保护，不受天气和可能的捕食者的影响。

每个蜂巢都具有复杂的构造：它是双面的，因为它由两层呈六边形棱镜状相对而立的蜂室组成，蜂巢两侧都有开口。此外，所有蜂室都略微倾斜，这样，其中容纳的花蜜就不会溢出。为了建造双面结构，蜜蜂用三块四边菱形组合在一起作为蜂室的底部。这样，当其中一个底部建成后，位于对面的蜂室底部也同时建成。

这些蜂室的大小并不统一，位于蜂房下缘的蜂室稍大（直径约六毫米），是为雄蜂准备的。工蜂的蜂室直径大约小一毫米，位于中央蜂巢的中部。蜂王的育雏室很特别，由于其尺寸很大，被称为蜂王巢室或花生室，因为它的形状与这种坚果非常相似。它在蜂巢中占据的位置将取决于养育新蜂王的原因：如果前一个蜂王突然死亡，则建在任何扩大的工蜂室中，但如果是因年老或生病死亡，则建在蜂巢的中心，如果蜂巢要被分割形成一个新的群体（称为蜂群），则建在蜂巢的下部。

蜜蜂与建筑

“本能能够从自然选择获得吗？自然选择能够改变它吗？引导蜜蜂营造蜂房的本能，实际上出现在学识渊博的数学家的发现之前，对此我们应当做何解释呢？”

查尔斯·达尔文

选自《物种起源》

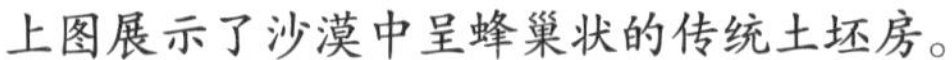

上图展示了沙漠中呈蜂巢状的传统土坯房。

蜜蜂制造蜂蜡的过程十分艰难。我们可以考虑一下，为了制造一千克蜂蜜，它们需要访问200万朵花，为了分泌一千克蜂蜡，它们需要摄入7~10千克蜂蜜。由于获取花蜜对蜜蜂而言需要消耗巨大的能量，因此，它们需要使用最少的材料来充分利用空间。它们通过六边形结构实现了这一点，这是一个完美的几何形状，能将所有元素组合在一起且不留死角，但如果它是圆形的，就会有死角。由此蜜蜂建造了一种轻质、坚固、蜂蜡含量低的蜂窝结构，并且只需要很少的能量消耗。

蜂巢定理指出，六边形镶嵌（许多六边形在一起）是将一个表面划分为面积相等且总周长最小的区域的最佳方法。这个定理早在4世纪就作为一个猜想被记录下来，但直到1999年，托马斯·C. 黑尔斯（Thomas C. Hales）才证明了这个假设，并将它变成了一个定理。

因此，蜂巢被视为建筑杰作也就不足为奇了，甚至让查尔斯·达尔文（Charles Darwin）感到惊讶。这位博物学家被这种完美的结构所吸引，他对这种结构如何影响自然选择进行了研究。他得出的结论是，需要最少的蜂蜜来转化成蜂蜡的蜂群将是最成功的，因为能够以最少的能量消耗生存的物种将会不断发展壮大。他声称，这种本能是通过遗传传递的，这样新的蜂群就有更好的生存机会。

镶嵌的工程主要用于
航空航天工业，用于制造火箭、
飞机和航天器，同时也用于汽车
工业。
古罗马作家
克劳狄乌斯·埃利亚努斯
（Claudio Eliano）赞扬了蜂巢和
蜂房的建造，首先是因为
它们制作精良、美观，
其次是因为蜂窝
在建造过程中不涉及他人的
痛苦和奴役。
人类已经复制
这种结构，因为它不仅能够优
化空间利用，而且很轻，
也很坚固。

蜜蜂的类型

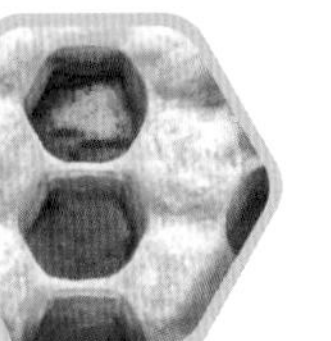

蜜蜂类型示意图

地蜂科 ANDRENIDAE

阿地蜂亚科（Alocandreninae）：
未定种名（*Alocandrena porteri*）

Alocandrena porteri（雄性）

Alocandrena porteri（雌性）

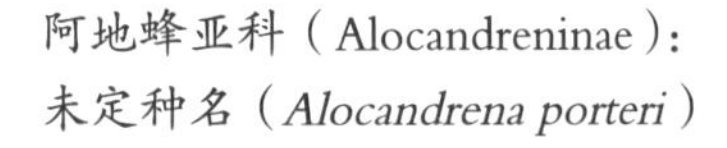

地蜂亚科（Andreninae）：
金黄地蜂（*Andrena fulva*）

金光地蜂（*Andrena rudbeckiae*，雄性）

金黄地蜂

毛地蜂亚科（Panurginae）

毛地蜂亚科未定属名（*Calliopsis sp.*）

雌性物种

低眼蜂亚科（Oxaeinae）

蜜蜂科 APIDAE

蜜蜂亚科（Apinae）：
西方蜜蜂（*Apis mellifera*）、
熊蜂、兰花蜂（*Euglossini*）、
长须蜂（*Eucerini*）
和毛脚蜂（*Anthrophorini*）

艳斑蜂亚科Normadinae（杜鹃蜂）

木蜂亚科（Xylocopinae）：芦蜂属（*Ceratina*）、
木蜂属（*Xylocopa*）

西方蜜蜂

长须蜂

啄木蜂

分舌蜂科或拟蜜蜂科 COLLETIDAE

双舌蜂亚科（Diphaglossinae）
分舌蜂亚科（Colletinae）：分舌蜂（*Colletes*）
宽舌蜂亚科（Euryglossinae）
叶舌蜂亚科（Hylaeinae）：叶舌蜂（*Hylaeus*）
干蜂亚科（Xeromelissinae）

隧道分舌蜂（*Colletes cunicularius*）

未定属名（*Euglossa*）雄性蜜蜂，造访一株兰花

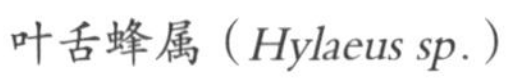

未定属名（*Euglossa*）雄性蜜蜂

叶舌蜂属（*Hylaeus sp.*）

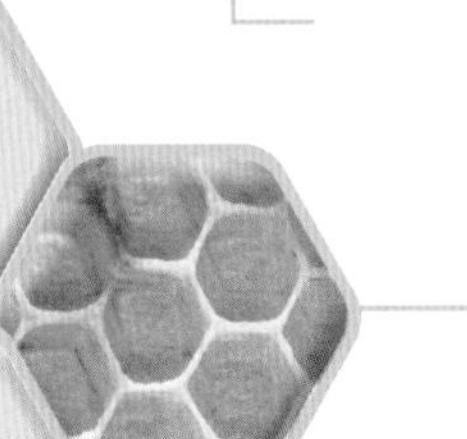

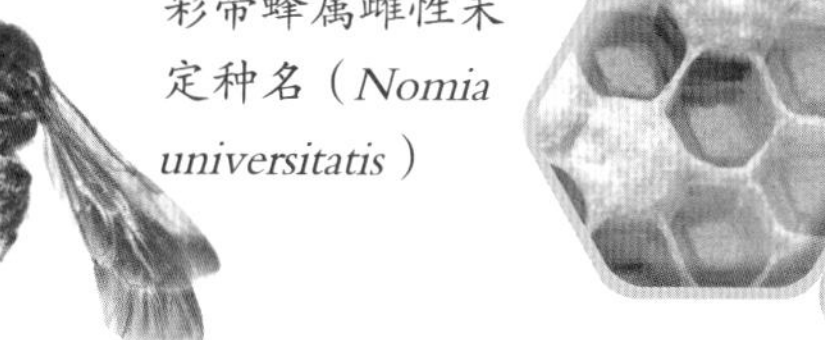

隧蜂科 HALICTIDAE

- 隧蜂亚科（Halictinae）
- 无沟隧蜂亚科（Rophitinae）
- 彩带蜂亚科（Nomiinae）
- 小彩带蜂亚科（Nomioidinae）

隧蜂亚科未定属名（*Augochloropsis sp.*）

杜隧蜂亚科未定种名（*Dufourea marginata*）

彩带蜂属雌性未定种名（*Nomia universitatis*）

彩带蜂属未定种名（*Nomia universitatis*）

小彩带蜂属未定种名（*Nomioides minutissimus*）

切叶蜂科 MEGACHILIDAE

- 双刷蜂亚科（Fideliinae）
- 切叶蜂亚科（Megachilinae）

角壁蜂（*Osmia cornuta*）

梅森红蜂（*Osmia bicorni*）

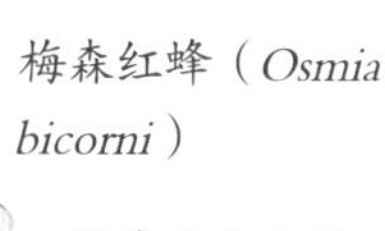

壁蜂属未定种名（*Osmia Rufa*）

切叶蜂（*Megachile*）

未定科名 ANTHIDUM

- 未定亚科名（Anthidium）
  - 杜鹃蜂

黄斑蜂属未定种名（*Anthidium sticticum*）

艳斑蜂亚科杜鹃蜂

雌性杜鹃蜂

毛脚花蜂科或准蜂科 MELITTIDAE

- 毛脚花蜂或准蜂亚科（Melittinae）
- 毛足蜂亚科（Dasypodainae）
- 窄痣蜂亚科（Meganomiinae）

莫拉准蜂（*Melitta maura*）

毛足蜂属未定种名（*Dasypoda altercator*）

未定属种名（*Meganomia gigas*）

短舌蜂科 STENOTRITIDAE

- 未定属名（*Ctenocolletes*）
- 短舌蜂属（*Stenotritus*）

雌性未定属种名（*Ctenocolletes smaragdinus*）

未定属种名（*Stenotritus pubescens*）

一般分类

我们平时所提到的蜜蜂一般指家养蜜蜂或西方蜜蜂（*Apis mellifera*）。许多人惊讶地发现，它只是全世界存在的数千个物种之一。然而，我们已经驯化这一物种，并从其产品中获益，此外，人类已经进行大量的科学研究，以了解更多关于蜜蜂的信息。这与我们对野生蜜蜂的极度无知形成鲜明对比，或许是由于它们独居生活的特殊性和观察它们的困难性，目前，野生蜜蜂很少受到关注。

虽然对它们的分类存在很多争议，但目前已有七个公认的蜂科：蜜蜂科（Apidae）、切叶蜂科（Megachilidae）、隧蜂科（Halictidae）、地蜂科（Andrenidae）、分舌蜂科或拟蜜蜂科（Colletidae）、毛脚花蜂科或准蜂科（Melittidae）和短舌蜂科（Stenotritidae）。其中最大的是蜜蜂科，包括众所周知的蜜蜂和熊蜂，而它们只占蜜蜂所有种类的一小部分，甚至在它们所属的科中也是如此。这一科属还包括热带地区的无刺蜜蜂和许多在地下或枯木中筑巢的独居蜂，以及“布谷蜂”或寄生蜂。从形态或习性上看，其他科也同样具有高度多样化的类群。从独居到群居（最高程度的社会化），有挖掘蜂、夜食蜂、盗寄生蜂、切叶蜂、所谓的“石匠蜂”，还有一些被汗水吸引的蜜蜂……总之，它们有着各种各样的行为和体貌。

多食性和单食性

根据它们的摄食习惯，蜜蜂可以分为多食性蜜蜂和单食性蜜蜂，前者从多种植物中采集花粉，后者专门从同一科或属的花朵中采食。前者食用不同类型的花粉，虽然它们也可以靠更为单调的食物生存，但据信这会影响它们的健康，至少对家蜂来说是这样，因为每种植物都有不同的类型。这些蜜蜂已经进化到学会处理不同种类的花朵，它们每一种都具有独特的形态，需要利用不同的方式来提取珍贵的食物。单食性蜜蜂也被称为单食采蜜蜂或寡食采蜜蜂，它们从花中收集花粉，所以在许多情况下，这些膜翅目动物的生命周期与花朵密切相关。它们通常专门采集丰富和持久的花卉类型。

与其他物种的差异

面对如此多样的蜜蜂，当我们去散步并发现一朵花上有一只蜜蜂时，可能会产生疑惑，很容易将它们与黄蜂混淆，尽管一些特征会帮助我们识别它们。一般来说，黄蜂为黄黑色，几乎没有毛发，而蜜蜂通常是深色的，有时有金黄色绒毛，而且全身毛发丰富。此外，在蜜蜂身上，典型的“黄蜂腰”（胸部和腹部之间的结合处）并不那么明显。就其行为而言，蜜蜂更加平和，只有当它们作为个体或集体感到威胁时才会发动攻击，这与某些黄蜂相反。其他可能与蜜蜂相似的昆虫是一些双翅目昆虫，如食蚜蝇或拟蝇。在这些昆虫中，观察到一种模仿现象，称为贝茨式拟态模仿，包括模仿蜜蜂、黄蜂的

一些昆虫采用类似蜜蜂的外观作为防御机制：这被称为贝茨式拟态模仿。

其他物种

左图是一棵果树上的黄蜂示例。中图是一只美丽的食蚜蝇，悬停在一朵花上。右图是一只蜂虻科昆虫正在吸食一簇花的花粉。

形状和颜色作为唯一的防御机制。通过这种方式，潜在的捕食者就会将它们与膜翅目动物混淆，认为它们有螯针，所以在进行攻击前会三思而后行。

食蚜蝇（Syrphidae），也称为花蝇或悬停蝇，因为它们能够通过拍打翅膀在空中盘旋，通常带有黑色和黄色或橙色条纹。它们与蜜蜂的不同之处在于它们只有一对翅膀，巨大的眼睛占据了整个头部，触角非常短，并且有吸吮式口器（在膜翅目中是咀嚼-舔食式口器）。此外，作为一种蝇类，它们没有螯针。它们是非常有益的昆虫，因为它们在幼虫阶段通常以蚜虫为食，有时被用于进行生物和害虫防治，而它们的成虫则是非常好的传粉者。

蜂虻科昆虫（Bombyliidae）在英语中称为“mosca abeja（蜂蝇）”，因为它们与蜜蜂很相似。它们大多数身体粗壮且多毛，颜色呈淡黄色或橙色，有深色条纹或图案，体形中等，飞行速度非常快。它们的幼虫是寄生性的，以其他昆虫的卵或幼虫为食，包括独居蜜蜂，而成虫则吃花蜜和花粉。为了避免与蜜蜂混淆，我们应当注意到它们有长长的腿、非常短的触角、巨大的长鼻（它们在空中盘旋时用来从花中吸取花蜜），当然还有它们的单对翅膀。

花粉和蜂蜜

我们知道蜜蜂吃蜂蜜和花粉，但总有一些例外打破这一规律，无刺蜂属（*Trigona*）麦蜂族的三个物种以腐肉为食，因此，它们被称为“秃鹫蜜蜂”。这些食尸昆虫钻入尸体，摄取腐肉。腐肉在与这些蜜蜂的消化酶接触后，被转化成一种类似蜂蜜且不易分解的物质，储存在蜂巢中，可供它们长期食用。这种行为在1982年首次被观察到。

野生蜜蜂

由于农业种植面积的增加和与蜜蜂的竞争，野生蜜蜂的数量正在减少。然而，各种研究表明它们作为传粉者的重要性，并且它们开始被用于以此为目的的商业用途。例如，苜蓿切叶蜂（*Megachile rotundata*）和梅氏牧场集蜂（*Nomia melanderi*）促进苜蓿（*Medicago sativa*）的繁殖，东部葫芦蜂或长角蜂（*Peponapis pruinosa*）促进西葫芦（*Cucurbita pepo*）的繁殖，欧洲红壁蜂（*Osmia rufa*）促进苹果树（*Malus domestica*）的繁殖，日本的角额壁蜂（*Osmia cornifrons*）促进草莓（*Fragaria*）的繁殖。

欧洲红壁蜂

地蜂科

这是一个大科，有3000多个物种，除大洋洲的澳大利亚外，在各大洲都可以找到。它们偏爱温带和相当干燥甚至干旱的地区，因此在湿热地区十分少见甚至不存在。

它们通常是深色的，多毛（特别是在胸部），大部分毛发呈棕色，少量呈浅棕色，但也有部分红色、橙色和白色毛。它们的体形从小型到中型不等，最小的如微地蜂（*Andrena minutula*），体长仅有六毫米，最大的如美洲一类亚科（Oxaeinae）的物种，可达26毫米。

更详细地说，它们的特征是在触角基部下面的脸上有两条分界线，称为触角下缝，这是它们与蜜蜂的祖先银口蜂科（Crabronidae）的黄蜂共有的原始特征。此外，它们的舌头通常短而尖。

雌性蜂的后腿上有花粉篮，用来储存花粉，它们从有限数量的植物中采集花粉，有时是从同一个科或属的花朵中采集，因此被称为寡食性或单食性传粉者。但也有地蜂属的一些个体以多种花为食。

一只地蜂属蜜蜂（*Andrena praecox*）正在采蜜。

夜行性物种

这是少数几个没有盗窃寄生物种的蜜蜂科之一，但有些成员确实具有夜行性（如隧蜂科、分舌蜂科和蜜蜂科）。这些蜜蜂的习性已经改变，在黄昏时开始活动，以消除竞争和躲避捕食者，并能够接触到在太阳下山时开放的花朵。它们的眼睛，包括复眼和单眼或只有单眼，对各种光线强度更加敏感，而且通常更大。

亚科

地蜂科约有3000种，分为四个亚科：阿地蜂亚科（Alocandreninae）、地蜂亚科（Andreninae）、低眼蜂亚科（Oxaeinae）和毛地蜂亚科（Panurginae）。

阿地蜂亚科（Alocandreninae）： 该亚科为10～11毫米的蜜蜂，其中雌性的螯针极小。它只包含一个属和一个种，即*Alocandrena porteri*，生活在秘鲁安第斯山脉的西侧。人们对它知之甚少，但据信这种蜂每年可繁殖几代，因为几乎全年都能观察到。

地蜂亚科（Andreninae）： 该亚科一般为小型到中型（4～10毫米）蜜蜂，有稀疏的绒毛，在美洲分布广泛（热带地区除外），在旧大陆（亚、欧、非等洲较早开发的地区）数量较少，分布在欧洲、亚洲部分地区（喜马拉雅山以北的地区、阿拉伯半岛北部和中部）和非洲。它们身体的不同部位可能有黄色斑点。有时群居，巢穴较浅。

低眼蜂亚科（Oxaeinae）： 这是一个由大型（13～26毫米长）、强壮、多毛和飞行快速的个体组成的小群体，分布地从美国到阿根廷。它们巨大的眼睛非常醒目，雄蜂的眼睛几乎汇聚在头顶上，与其他蜜蜂相比，它们的单眼位于头部的更前方。所有物种之间都极为相似，但与其他蜜蜂几乎完全不同。其洞穴深而垂直，建在平坦的地面上。

毛地蜂亚科（Panurginae）： 由小型到中型的个体组成（6～17毫米），它们几乎在全球范围内均有分布。在这个亚科中，目前最大的是地蜂属，约有1500种。雄性的面部可能有黄色的斑纹。为了便于运输花粉，一些物种的雌性会将花粉弄湿，与反刍的花粉混合在一起。

巢穴

地蜂科蜜蜂在干燥、植被稀少的沙质地面上筑巢，从而获得更多的光照，以温暖它们的住所，有时，它们还会栖息在灌木或植物附近，以便获得防冻保护。它们会挖一条垂直的隧道，隧道的入口大约与铅笔的直径相近，从那里有多个分支通向巢室。这些巢室通常有一层闪亮的蜡质分泌物。在巢室内，雌蜂供应花蜜和花粉，某些物种的花蜜呈黏稠状，位于巢室的正下端，而在另一些物种中，花蜜是坚硬的，呈球状。它们在食物上产下卵，并将巢室密封。幼虫生长迅速，在秋季蜕变，并留在巢室中，直到次年早春。虽然它们是独居动物，但经常形成大群落。

图为地蜂科的地巢的外观。

金黄地蜂（*Andrena fulva*），属于地蜂（*Andrena*）属，又称为挖掘蜂或矿蜂，是一个典型的欧洲物种，存在明显的两性异形现象：雌性体长8～10毫米，胸部有浓密的淡红色毛发，而雄性体长10～12毫米，毛发密度要低得多，呈橙褐色，面部有白色绒毛。

图为金黄地蜂的雄性示例，可以看到橙色毛发和面部的白色绒毛。

这种蜂在公园、花园、森林空地、草地和庄稼地边十分常见，在这些地方可能形成群落。它们在地面上筑巢，巢穴入口处有一个形似小火山的土堆保护，很容易辨认。它们会挖掘一条20或30厘米的垂直隧道，分成几个通向巢室的通道。在每个巢室内，蜂妈妈留下花粉和花蜜的混合物作为幼蜂的食物，然后在上面产一个卵。幼虫在几天内孵化并迅速成长，在消耗其储备的食物后，在几周内化蛹。

成虫在早春出现，雄性最先出现，它们会等待雌性成虫繁殖，然后死亡。雌性则致力于从各种各样的植物（包括本地植物和园艺植物）中收集花粉，以确保其后代食用。

图为花园里的雌性金黄地蜂。

蜜蜂科

它可以说是蜜蜂家族中的佼佼者，因为它包括多个著名物种，如西方蜜蜂、大黄蜂和木匠蜂，以及许多其他不太常见的物种。就大小（从最小的3毫米到最大的3厘米）、颜色、毛发（丰富或非常稀疏）和习性而言，它是一个极其多样化的群体。

蜜蜂科的成员包括具有固定种群和类别的独居物种、群居物种（具有不同程度的社会性）以及寄生物种。它们在地面、树上或枯木中现有的孔洞中筑巢；就盗窃寄生物种而言，它们会追赶受害者直到巢中。一般来说，它们以多种植物为食，几乎存在于除南极洲以外的所有有花栖息地。

蜜蜂亚科

这一组别包括群居蜜蜂（蜜蜂、无刺蜂和大黄蜂）和独居蜜蜂。后者通常在地面上挖掘巢穴，而社会性蜜蜂则或多或少地使用大空洞或预先存在的洞穴。一般而言，除了条蜂族之外，它们的特点都是将花粉储存在花粉筐（后脚跗节上的篮子）中。

蜜蜂亚科组别以图中所示的蜜蜂为主，它们的特点是将花粉储存在花粉筐中。

亚科

蜜蜂科由三个蜜蜂亚科组成：

蜜蜂亚科

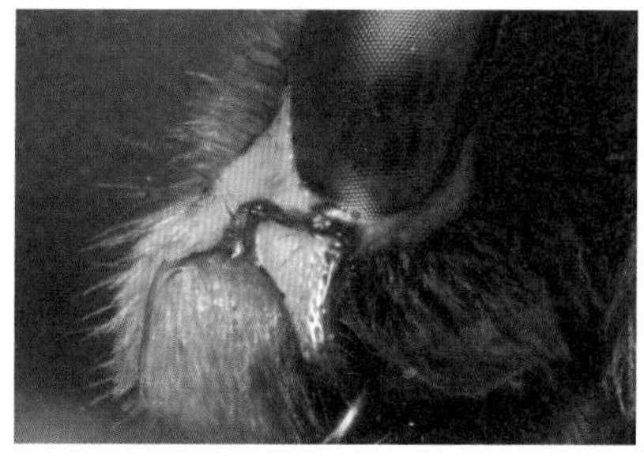

艳斑蜂亚科

木蜂亚科

传统上，条蜂科（Anthophora）被认为是一个独立的科，但最近的研究将它纳入蜜蜂亚科，即条蜂族。每个亚科都被划分为族，一种介于亚科和属之间的分类，旨在组织包含许多成员的类别。

泰国

在泰国，一些麦蜂族蜜蜂到人类和其他动物（如瘤牛或狗）的眼睛里去喝眼泪。它们通常单独行动，但有时也可能由五或七只形成小蜂群。据认为，它们这样做是为了获得矿物盐和蛋白质。

这只无刺蜂是想安慰这只狗吗？

无刺蜂

蜜蜂可分为两大类：有刺蜂，属于蜜蜂族、蜜蜂属，我们将在后文讲到；以及无刺蜂，属于麦蜂族、麦蜂属，分布在热带和亚热带地区。后者的主要特征是因为螯刺萎缩而形成其他的防御机制，例如强壮的下颚或咬人时分泌甲酸。

和家养蜜蜂或西方蜜蜂一样，无刺蜂是真正的完全社会性昆虫，有着稳定的蜂群，其数量可以从几十只到十多万只，蜂群有着不同的等级，并有不同的形态和任务分工。在热带美洲的许多地区，它们最为常见，因此作为本地植被的传粉者，它们发挥了极其重要的作用。

它们在小洞中营巢，有些甚至在外面的树枝或崖壁上筑巢。巢由蜂蜡和树脂混合而成，还有可能加入泥浆或其他材料。它们与其他蜜蜂的区别之一是它们会在现有蜂群基础上建立新的蜂群；在建立蜂群之前，它们开始饲养蜂王，选择未来蜂巢的位置，并从原来的蜂巢中提取建筑材料和食物。当一切准备就绪后，年轻的蜂王来到新巢，并立即开始产卵。

蜂王将卵垂直产在由花粉、蜂蜜或花蜜和下咽腺分泌物组成的食物团上，然后封住巢室，一旦成蜂发育完成，巢室则被摧毁，其余的食物储存在王台杯内。

有证据表明，玛雅人开始驯化蜜蜂的目的是获得蜂蜜，他们在空心树干内饲养蜜蜂，把蜜蜂看作蜂蜜之神馈赠的礼物。目前，在南美洲的一些地区仍在进行这种养蜂活动。尽管与西方蜜蜂相比，它们生产的蜂蜜确实很少，但这种蜂蜜因其营养和药用价值而备受推崇，其益生菌和抗生素特性也正在被研究。

大黄蜂

它们属于熊蜂属，由中等大小或非常大的个体组成（长度在9~22毫米），毛发浓密而旺盛，以适应它们通常所在的温带或寒冷气候。它们可以在五摄氏度的温度下活动，但过高的温度则会对它们造成伤害。除了寄生物种以外，大黄蜂为完全的社会化群居生物，蜂群可持续一年时间。尽管它们的体形和强大的嗡嗡声往往让人们产生恐惧，但它们

大黄蜂或欧洲熊蜂（*Bombus terrestris*），虽然对人类来说很可怕，却是一种性情温顺的群居昆虫。

非常温顺平和，并且很难蜇伤我们。

欧洲熊蜂

这是在欧洲最常见的大黄蜂。它的身体多有黄色和黑色条纹，腹部末端有一条特有的白色条带。面部呈黑色，很小，舌头相对较短，蜂王的舌头可达10毫米，工蜂则更短。

它们是社会性群居昆虫，按种姓分工，合作照顾后代。繁殖只由蜂王进行，蜂王在秋季受精后，是蜂群中唯一能在冬天存活的。春天，它从昏睡中醒来，积蓄能量后，在地面上寻找一个空洞（很可能是一个废弃的啮齿动物的洞穴）来筑巢，这样可以节省很多精力和体力。一旦找到了合适的地方，蜂王就开始在巢穴中储备花蜜和花粉，然后产下卵，并用蜂蜡覆盖；雌蜂会不时打开这个盖子，添加更多的食物。同时还会用蜂蜡制作王台杯，里面装满花蜜。一旦第一批工蜂出现，蜂王的功能则仅限于生殖和孵卵，而它的女儿们则负责觅食、建造巢室、喂养幼虫或清洁。

当蜂群的规模足够大时，蜂王开始产下未受精的卵，产生雄蜂，专司交尾繁殖功能；然后它会产下受精卵，以产生新的蜂王。雄蜂成年后都会离开巢穴去交配，如果是雌性，则会冬眠，然后形成新的蜂群。

熊蜂是温带地区最重要的传粉者之一。它们能够通过嗡嗡声或超声授粉，借助飞行过程中肌肉的剧烈运动，它们将花粉从一些植物的花药中释放出来，这些植物需要这种方法才能繁殖。出于这个原因，近年来在温室中熊蜂授粉已经变得普遍，对熊蜂的需求也在逐年增加。我们将用一个单独的章节专门讨论这个问题。

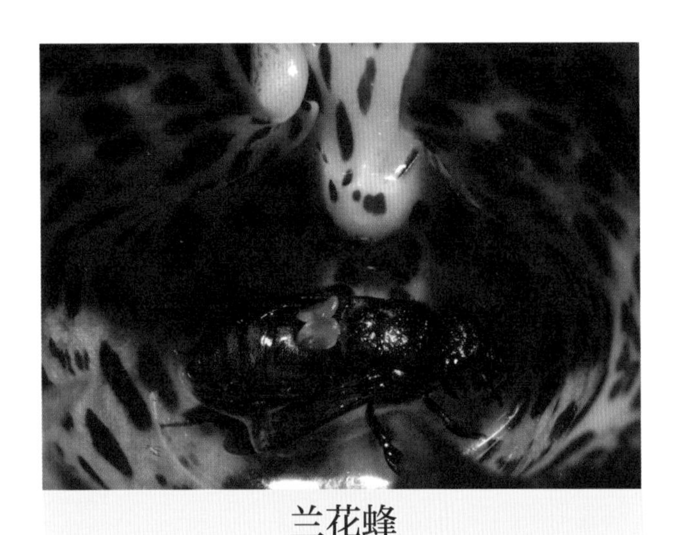
兰花蜂

除了最知名的族群，在蜜蜂科中还有其他一些有代表性的族群，如兰花蜂族、长须蜂族和条蜂族。

兰花蜂、毛足蜂和长角长须蜂

兰花蜂族的成员也称为兰花蜂。它们的体形相对较大，具有多种颜色（红色、蓝色、绿色、紫色和金色），并带有金属光泽，其飞行能力非常出色。它们是独居昆虫，在美洲大陆的热带和亚热带雨林中十分常见。此外，它们的特点之一是有一个巨大的舌头或口器，有时甚至比自己的身体还要大，因此它们的学名*euglossini*，意为“长舌”。雄性被一些兰花香味所吸引，并将这些香味储存在它们的后胫骨上。目前尚不清楚它们为什么这样做，但也有人推测这是一种征服雌性的方法。超过600种兰花依靠它们来授粉，雌蜂则从不同的花朵中采集食物。

长须蜂族的特点是雄性有独特的长触角。它们是在地下筑巢的独居蜜蜂，有时结群。其中一些是巴西棉花的重要传粉者。

条蜂族的成员健壮且多毛，体长在10～20毫米。有些甚至“脚”上都有醒目的毛发。雄蜂的飞行速度非常快，领地意识很强。巢通常建在地面上，或建在斜坡或平地上。巢室是由黏土制成，内部衬有一种蜡质物质，具有防水性，随后可以作为幼虫的食物。

木蜂或木匠蜂

木蜂也被称为木匠蜂，不是因为它们以木材为食，而是因为它们习惯于在枯死的植物材料中筑巢，包括空心茎、树干或木材。它们的大小从芦蜂属的三毫米到木蜂属的近三厘米不等。有独居、群居和社会性物种。

艳斑蜂或杜鹃蜂

它们是最大的和最多样化的盗寄生蜂。由于它们的习性，它们不需要毛发来采集花粉。此外，由于颜色（红、黄、黑）鲜艳、身体修长，它们很容易被误认为黄蜂。

寄生雌蜂会在寄主离开巢穴时进入其开放式巢穴。它把卵产入巢室内壁或衬层中，它的卵相对于蜜蜂的体形来说是非常小的，然后它会离开，可能是为了继续寄生在其他正在建造和提供的巢房中。当入侵者的幼虫出现时，它会检测到寄主幼虫，并用强大的下颚将它杀死，以寄主储存的花粉和花蜜为食。杜鹃蜂偏爱地蜂科成员的巢穴。它们在世界范围内都有分布。

从这个标本中可以看出，长须蜂族的成员有很长的触角。

木蜂亚科包含具有各种大小和习性的物种。

木匠蜂

木匠蜂也被称为欧洲木匠熊蜂，由于体形庞大（长度超过30毫米，翼展为40~50毫米），全身黑色，有或无蓝色光泽，飞行时发出巨大的嗡嗡声，因此不可能不被注意。这种昆虫喜欢温暖的气候，生活在山谷、草地和耕地中，在欧洲南部和中部十分常见。

雌雄成虫通常成群结队地在树洞或木梁中冬眠，以便在春天开始活动。在进食和恢复体力后，它们会寻找配偶，一旦受精，雌性就会选择理想的地方抚养它们的后代。在那里，它们会用强壮的下颚挖出几条通道，通向一个单独的巢室，在里面用嚼过的木头建造小型繁殖室，然后在每个房间里添加食物并产下一个卵。变态发育后，成虫在夏末出现；它们会进食，以收集所有可用的能量并准备冬眠到下一年。

它们在木头上打出的洞呈完美的圆形，通常可以通过它们留下的锯末来识别。它们从不同种类的植物中采集花蜜，是野生和栽培豆科植物以及唇形科和蔷薇科植物（苹果、榅桲、梨……）的良好传粉者。

木蜂在木材中钻洞筑巢。

分舌蜂科或拟蜜蜂科

这个科的成员彼此非常不同，但它们仍拥有一些共同特性，使它们成为独一无二的物种。长期以来，它被认为是最原始的群体，因为它们与被认为是所有蜜蜂的祖先的银口蜂科胡蜂具有相同的口器特征。然而，最近的分子研究驳斥了这一假设，将准蜜蜂科（又称毛脚花蜂科）作为蜜蜂的基础类群。分舌蜂科包括2000多个物种，分为五个亚科和54个属。

从身形上看，该科蜜蜂，从相对较大且多毛到较小且类似黄蜂，大小和形状各有不同。它们的舌头或舌尖宽而短，有一个截断的（好像被切断了一样）或双叶的顶端或末端。至于它们的进食类型，主要是通食型或多食型，因为它们从各种花中收集花粉，但有些表现出对某些植物物种的偏好。

“玻璃纸蜜蜂”

这个科的代表性物种在某些地方被称为“玻璃纸蜜蜂”，因为它们的主要特征之一是其育雏室（在地下或在树枝上）有类似玻璃纸状衬里。它们将杜氏腺体分泌物涂在内部，杜氏腺体分布于腹部，主要在螯针的基部。蜜蜂弯曲身体，用嘴收集分泌物，再用舌头逐渐浸渍整个巢室内部；这种行为与分舌蜂科的另一个特点密切相关：它的分叉舌头，就像一把双头刷子，可以将分泌物涂抹在巢室上。与氧气接触后，这种分泌物会变成一层薄薄的、透明的、有韧性且不透水的薄膜，它还具有杀灭细菌和真菌的特性。一旦卵被包裹并产下，巢室就会被密封，从而避免可能遭受的洪水或极度干燥的情况。

夜行性蜜蜂

蜜蜂总科中具有夜行性的科有四个，分舌蜂科是其中之一（其他三个科分别是地蜂科、隧蜂科和蜜蜂科），它们在黎明和黄昏活动，这与其他在阳光下活动的蜜蜂不同。为了能够在这些条件下看到东西，它们有着非常大的眼球（单眼）；而且这些单眼和复眼对低强度的光线都比通常情况下更加敏感。这种夜行性使它们具有了某些优势，因为它们

分舌蜂科在欧洲的代表是大分舌蜂属（图中是大分舌蜂之一：泥水匠蜂）和叶舌蜂属。

筑巢

分舌蜂科家族的蜜蜂是独居或半群居的，根据筑巢的基质，它们可分为两组：一组数量最多，在地下建造隧道，通常强壮且多毛；另一组蜜蜂喜欢在树干、其他昆虫遗弃的庇护所或软木树干和树枝上预先存在的空洞中筑巢，通常较小且无毛。

巢穴位于平坦的表面下或斜坡下。入口处因物种不同而有很大差异，但一般来说，它们通常有一个主通道，还有几个通往巢室的次要通道。根据物种的不同，可能有1 ~ 10个育雏室；在每个育雏室里，它们在储备的花粉和花蜜上产下一个卵。虽然是独居，但它们经常形成大的蜂群。

可以避开白天活动的天敌，并可以接触到一些夜行的花朵。

春矿蜂

（*Colletes cunicularius*）

这些蜜蜂属于分舌蜂属、分舌蜂亚科，广泛分布于欧洲。与其他分舌蜂相比，它们的体形相对较大（13 ~ 17毫米），头部、胸部和腹部有长长的金色毛发，雄蜂体形较小，颜色较浅。它们在沙质土壤中筑巢；入口处类似于一个微型的兔子洞（因此而得名*cunicularius*，因为*cuniculus*在拉丁语中是兔子的意思）。巢穴由一条垂直的地下走廊组成，长约30厘米，有七或八条垂直走廊，每条走廊的尽头是一个育雏室。新一代将在这里成长，并以成虫的状态度过冬天（在经历了变态发育之后），一旦温度适宜，它们就会出现。

最近的研究表明，该物种的雌性为吸引雄性而释放的性信息素在不同地区有所不同，就像一种“方言”（请注意，它们主要通过气味进行交流）。然而，这有时是不必要的，因为它们经常在大集群中筑巢，当雌性第一次从巢室中出现时，可能会形成交配球（**雌雄交配时，相互抱团而形成的“球”，编者注**），许多雄性试图与新出现的雌性交配。

艳叶舌蜂

它属于叶舌蜂亚科的叶舌蜂属，是一种小型蜜蜂（长度在6.0 ~ 7.5毫米），颜色相当丰富，因为它们的头部是黑色的，带有奶油色的斑点，每个个体的斑点各不相同，腿部和胸部也是如此，而腹部呈红色。雌性比雄性稍大。它们是多食性物种，以各种花为食，特别是伞形科植物（茴香、胡萝卜）和豆科植物（苜蓿、羽扇豆）。

艳叶舌蜂是一种多食型蜜蜂，以各种花为食。

它们在管状结构中筑巢，主要是空心茎或软髓，如芦苇、灌木、荆棘或蓟，除此之外，它们也可以利用枯木或地面上的洞筑巢。雌性没有用于收集花粉的胸部或毛发，因此它们把花粉放在嗉囊里，然后通过反刍提供给幼虫。产卵后，它们用一个膜质隔板封住巢穴。卵将在几天内孵化，而幼虫的发育则需要数周时间。

隧蜂科

隧蜂科是蜜蜂总科下的第二大科，仅次于蜜蜂科，因此，其代表性物种在身体和习性上都极具多样化。其大小为3～20毫米，虽然大多数纤细瘦弱，但也有一些较为健壮。

隧蜂科蜜蜂的颜色也多种多样：带或不带金属光泽的深色、赭色、绿色、蓝色、红色或紫色；一些雄性面部有黄色斑纹，许多雄性的腹部有浅色条纹。隧蜂科是一个数量众多的世界性群体，遍布世界各地，尤其是在温带地区。它们往往以不同种类的花为食。

筑巢和社会性

隧蜂科的成员通常在地上筑巢，偶尔在干燥树干的树皮上筑巢。它们的巢通常由一个垂直的廊道组成，从中分离出几个通道，通往巢室。该科的主要特征之一是其代表性物种可能表现出不同程度的社会性。

一些隧蜂科成员是严格的独居物种，其他的则是群居物种，因为它们形成群体筑巢，或共用同一个巢穴的入口；每个个体都有自己的特定通道。这个科中也有半社会性的蜜蜂，其中一些合作育雏。此外，一些雌性作为蜂王并产卵，而它们的姐妹充当工蜂的角色而很少排卵。真社会性的（最高级别的组织）是少数，但它们的社会化组织程度比其他蜜蜂更为原始，因为蜂王和工蜂之间没有形态上的差异。然而，它们有种姓的任务分工，与半社会性蜜蜂不同的是，工蜂是蜂王的女儿，而不是姐妹，因此存在世代的重叠（幼虫、成年的女儿和蜂王）。通常在蜂季开始时，群居蜂王会产下几批工蜂卵，然后再产下可育雌蜂和雄蜂。有些物种甚至可以根据环境（一年中的时段、海拔高度、地理位置，以及很可能还有其

完全社会性

“完全社会性”一词是由专门研究蜜蜂的美国昆虫学家苏珊·巴特拉在1966年发表的一篇文章中提出的。她用此来描述隧蜂科的一些成员的筑巢行为。

白蚁是另一类完全社会性昆虫，它们用黏土筑巢，突出于地面，有时规模庞大而精致，被称为“大教堂式白蚁丘”。

隧蜂幼虫在发育成形后试图钻出巢室。

图为隧蜂的金属色泽。

亚科

隧蜂科分为四个亚科：隧蜂亚科、无沟隧蜂亚科、彩带蜂亚科和小彩带蜂亚科，共包括3000多个已知物种。

碱蜂

肉眼看上去，它们可能与普通蜜蜂类似，但它们体形略小，而且腹部有美丽的彩虹色条纹。

他未知因素）在群居性或独居性之间转换。

其他特性

在一些国家，隧蜂被称为“汗蜂”，因为有几个物种常常在人出汗时落在人身上，吸取汗液中的矿物盐。隧蜂科也有黄昏或夜间活动的成员（和地蜂科、分舌蜂科和蜜蜂科一样），为此，它们发育出了大而敏感的眼睛。

在这个科中，有一种盗寄生蜜蜂，它们在其他物种的巢中产卵。这些个体的毛发不多，因为它们既不筑巢也不需要收集花粉，所以它们看起来像胡蜂。最著名的属是红腹蜂属，这种蜜蜂呈黑色，腹部为红色，当寄主的巢室储存了花粉和花蜜时，它们会潜入寄主的巢室内，吃掉寄主的卵并在该位置产下自己的卵。

许多隧蜂科物种以及熊蜂等其他物种，表现出一种被称为“超声”或蜂鸣授粉的行为，正如我们看到的那样，蜜蜂用下颌夹住花朵的雄性结构（花药），通过收缩胸部肌肉，产生振动，使花粉粒排出，落在蜜蜂的身体上，它会在另一种植物上重复同样的动作。

图为具有绿色金属光泽的隧蜂。

图为深色隧蜂。

关于西班牙马德里的康普顿斯大学（UCM）参与的一项关于甜瓜授粉的研究显示，蜜蜂并不是这种水果的主要授粉者，其花朵曾被31种不同的物种访问，其中70%属于隧蜂科，特别是淡脉隧蜂属。这项在雷阿尔城进行的研究发表在《昆虫学科学》杂志上。

图为栖息在一朵花上的碱蜂（*Nomia melanderi*）。

图为隧蜂科的蜜蜂显示出斑斓的绿色。

它们源于美国西部和西南部，在含盐或碱性土壤中筑巢（因此而得名），在那里可以形成大型蜂群。事实上，已知的蜂巢集中度最高的就是这个物种：科学家统计到每平方米有700多个蜂巢。

碱蜂以豆科植物为食，主要食物是苜蓿（*Medicago sativa*）花，由于其结构复杂，需要专门的采蜜技术。多年来，北美农民几乎是在不知不觉中从这些蜜蜂的工作中受益，但是，当人们开始耕种田地时，他们毁坏蜜蜂的巢穴并使用杀虫剂，因此，蜜蜂的数量骤减，苜蓿的产量也随之下降。意识到这种情况后，农民们放弃了这些做法，改变了策略，并学会了为这些昆虫在作物附近繁殖创造合适的环境。

图为一只夜行性隧蜂（*Megalopta genalis*）的特写，显示了其特有的绿色金属光泽。

夜行性隧蜂

夜行性隧蜂是一种带有绿色金属光泽的蜜蜂，它们在枯木中筑巢，原产于中美洲和南美洲。这种蜜蜂是几个改变昼伏夜出习惯的物种之一，它们在黄昏后和黎明前出来觅食。

这些蜜蜂可以选择独居或群居。在后一种情况下，蜂群通常由一个蜂王母亲和一群工蜂女儿组成。母亲负责待在巢内产卵，而不育的女儿则外出寻找食物。

由于这种奇特性，该物种被巴拿马史密森尼热带研究所用来研究社会行为对大脑发育的影响。结果显示，群居蜂王的大脑中负责学习和记忆的区域比独居蜂王大脑中该区域更大，因此，根据科学家们的判断，社会互动刺激了认知的发展。

切叶蜂科

该科包括了多种独居蜜蜂，它们在体形、颜色和绒毛方面都有很大的差异。一般来说，它们往往很健壮，头大，口器很长（长达10毫米），但它们也有一些明显区别于其他科的特征。

图为树枝上的切叶蜂科（Megachilidae）蜜蜂。

它们有醒目的下颚，这就是它们学名的来源，它的学名来自希腊语，其中*mega*意为“大”；*kheilos*或*cheilos*，指“嘴唇”，合起来可译成“大下颚”。而且，正如我们稍后将看到的，从解剖学上看，它们这一发达部位在建造巢穴时是必不可少的。此外，它们的后腿上没有花粉筐或花粉篮，所以它们把这种蛋白质食物积聚在位于腹部侧面的刷状毛发中。这种蜜蜂在世界各地都有分布。

泥水匠蜂

它们是壁蜂属（*Osmia*）的成员之一，因为它们用泥土、沙子或咀嚼过的蔬菜糊来建造巢穴内部。这些蜜蜂通常呈橙色、红色、灰色和黑色，有时呈金属色，多毛。它们是许多果树的优秀传粉者。

一旦温度变暖，成虫就会出现，交尾后，雌蜂会在一个管状的洞穴中选择巢穴的位置。然后它用泥土或咀嚼过的蔬菜（筑巢的材料）与唾液混合，建造隔墙，并继续建造巢室，直到整个巢穴建成；然后，它会用更厚、更坚固的外部隔墙封住入口。花壁蜂则用花瓣和泥巴粘在一起建造彩色的巢穴。

切叶蜂

切叶蜂属（*Megachile*）的一些物种被称为“切叶蜂”，因为切叶是它们制作巢穴的技能之一。由于它们有强大的下颚，在大约10秒内，就能从植物叶片上切取圆形小叶片，然后用腿夹住叶子，将其

图为壁蜂属的蜜蜂或泥水匠蜂。

图为切叶蜂属的蜜蜂或切叶蜂。

运到巢穴。它们的巢穴通常是干燥的原木或木材上已经存在的一个洞。一旦进入，蜜蜂就会把叶子稍微弯曲，使之成为圆柱形的巢室。这种衬里被认为有助于防止幼虫的食物变干。

圆切叶蜂（*Megachile centuncularis*），或月季切叶蜂，因对蔷薇或月季的美观性造成的损害而闻名，由于它是一个出色的传粉者，因此在很大程度上弥补了这一损害。苜蓿切叶蜂（*Megachile rotundata*）也是如此，它被称为紫花苜蓿切叶蜂，由于其群居的习性，这个物种已经被半驯化，用于商业开发和作为紫花苜蓿授粉者。它们源于欧洲东南部和亚洲西南部，20世纪30年代初被引入北美，最近又被引入澳大利亚等其他国家。

树脂蜂

在切叶蜂属中，有一些蜜蜂不使用叶子来制作巢室；它们从植物中收集干燥的树脂，用嘴将树脂刮下，并沿着树干滚动，形成一个球，然后用下颚将它带回巢穴。

冥王切叶蜂（*Megachile pluto*）或华莱士巨蜂属于这一组，是世界上最大的蜜蜂。1859年在印度尼西亚被发现，曾被认为已经消失，直到1981年被科学家们再次发现；2019年，三位生物学家再次发现它并成功拍摄了第一张活体标本的照片，才又一次传出它的消息。雌性体长38毫米；雄性体长23毫米，翼展可达64毫米，下颚巨大。该物种在活跃的白蚁群中筑巢。

另一个大型物种是粗切叶蜂（*Megachile sculpturalis*），体长可达25毫米。它原产于中国和日本，在欧洲和美国已经成为入侵物种，是通过与亚洲的木材贸易在无意中被引入的。它的大小与亚洲大黄蜂（*Vespa velutina*，黑胸胡蜂）相似，但在体毛和习性方面明显不同，因为大黄蜂以其他昆虫为食，如蜜蜂，但这种巨型蜜蜂与其他本地蜜蜂直接竞争的案例非常少，虽然它在感受到威胁时会蜇伤我们，但这种情况很难发生，因为蜂巢和它的后代都依赖于它。

梳理蜂

梳理蜂是黄斑蜂属（*Anthidium*）的代表性物种之一，它们收集植物纤维来制作舒适的巢穴。它

图为树脂蜂。

们中的许多成员用下颚刮擦茎和叶子的背面，以获得一种绒毛，用来填充巢室。它们在木材中、废弃的木匠蜂巢中或是在白蚁等食木昆虫的洞中筑巢。它们呈黑色和黄色，与黄蜂有些相似。雄性积极捍卫自己的领地，驱逐任何离它们太近的入侵者。

生命周期和筑巢

交尾后，一旦找到理想的筑巢地点（因物种而异），雌性就会建造一个巢室，并储备花粉和花蜜，在里面产下一个卵并将巢室口封闭，然后开始产下一个卵。几周后，幼虫孵化，它会吃掉食物，经过几次蜕皮后，它把自己包裹在茧中进行变态发育。有些可能会在变成成虫之前进行冬眠，成虫在春天出现（雄性通常较小，先于雌性出现）进行繁殖并重复这个循环。

蜂群建立在不同的地方：树枝内部、干燥的芦苇秆、狭窄的天然洞穴、废弃的洞穴或位于地面的洞穴，甚至是蜗牛壳或废弃的锁孔中。雌性根据物种的不同用各种材料，如叶子或木浆、泥浆、树脂、砾石、切割的树叶或植物纤维，在巢中分隔出巢室。

图为袖黄斑蜂（*Anthidium manicatum*）或欧洲羊毛干部蜂。

袖黄斑蜂或欧洲羊毛干部蜂是黄斑蜂属的著名物种之一，于20世纪60年代末意外被引入美国纽约，从那里传播到整个美洲大陆。它被认为是世界上分布最广泛的物种。它倾向于在现有的洞中筑巢，随着日益全球化，它实际上成了一个世界性蜜蜂品种。

盗寄蜂

正如大多数蜜蜂科中常见的那样，切叶蜂科也有盗寄生物种，它们寄生在该群体中其他成员的巢穴内，因此缺乏采集花粉的花粉刷。

雌性通常在寄主的巢穴被封住之前进入并产卵；如果雌性之前没有吃掉寄主的卵，寄生幼虫在孵化后会杀死寄主的幼虫，并以储备的食物为食。它们通常与其所寄生的物种大小相同或略小。

图为盗寄蜂。

重要的传粉者

由于切叶蜂的腿上没有花粉篮来运输花粉，因此雌性会把花粉粘在腿上，用它们的腹毛进行运输。这使得它们成为提取花粉效率最低的蜜蜂之一，因为其成员必须一次又一次地访问花朵，具有讽刺意味的是，这却使它们成为世界上最重要的传粉者之一。为了给一个育雏室提供食物，一只雌性蜜蜂要比其他蜜蜂多飞十次，这大大提高了它为花朵授粉的能力。

这种行为，加上它们容易接受人工巢穴，使这个群体成为农业和园艺授粉最重要的群体之一，其中一些已经开始商业化，用作普通蜜蜂的替代品。

除了已经提到的苜蓿切叶蜂外，原产于北美的蓝色果园壁蜂（*Osmia lignaria*）也被商业化利用，主要为果树和蓝莓授粉。

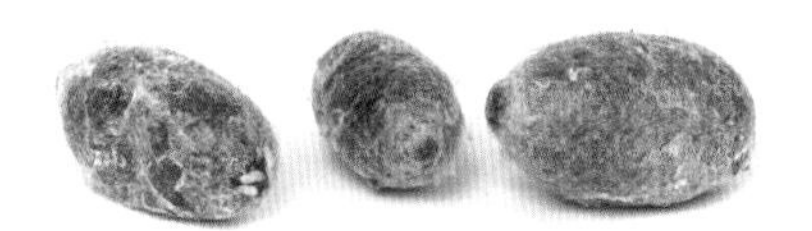

图为准备破茧而出的蜂蛹。

分类

科学家们对切叶蜂科亚科的意见并不一致。有些科学家认为有两个亚科，即切叶蜂亚科和腹刷蜂亚科，而其他科学家则认为有第三个亚科，即Pararhophitinae。

红壁蜂

红壁蜂（*Rhodanthidium sticticum*）中等大小，体长在13～20毫米，雄蜂比雌蜂稍大。两者的腹部都有明显的黑底橙色条纹，它们的翅膀不是透明的，而是烟熏色的。雌性的腹部下方有白色的刷状的鳞片。虽然它们是独居蜂，但也能结群，喜石灰岩、石质和阳光充足的土壤。

图为红壁蜂。

雄蜂的生殖行为可被视为具有攻击性，因为它们会在雌蜂毫无戒心的时候扑向它。雌性受精后会先找一个空的蜗牛壳，在里面铺上几片小树叶，它还会将这些树叶卷起来，作为储存蜂蜜和花蜜混合物的容器。它通常会建造1～3个巢室。成虫在春天出现，以各种植物为食，特别是鸡冠花和唇形科植物。这种蜜蜂分布在欧洲西南部和北非。

蓝壁蜂

蓝壁蜂（*Osmia caerulescens*）的两性之间具有明显的形态差异，雌性较大，带有蓝色金属光泽，面部和胸部有白色毛发，而雄性则以绿色金属光泽为特征，面部和腹部有浅色毛发，胸部为红色。

它们利用其他昆虫在原木或木材上钻出的洞来筑巢，对不同大小的廊道适应性很强。在里面，它们用咀嚼过的植物材料建造巢室，储存大量的花粉和花蜜，并在上面产卵。成虫在春末出现，以各种植物为食。它们被认为是豆科植物的潜在传粉者。

图为蓝壁蜂。

准蜜蜂科或毛脚花蜂科

准蜜蜂科或毛脚花蜂科，是一种小型且罕见的独居蜂科，因此鲜为人知。此外，它的成员相当不显眼，体形小或中等，颜色深，有些腹部有较浅的毛带。它们的舌头（中唇舌）通常短而尖，但不分叉。

图为各种角度的雄性沙地毛足蜂（*Dasypoda hirtipes*）。

历史上这个群体被分为四个亚科：窄痣蜂亚科（Meganomiinae）、准蜂亚科或毛脚花蜂亚科（Melittinae）、毛足蜂亚科（Dasypodainae）和宽痣蜂亚科（Macropidinae）。然而，经过研究后者被归入了准蜂亚科中的一个属。有研究人员对这一分类仍存在分歧，还有些人认为只有两个亚科，即毛足蜂亚科和准蜂亚科。

无论如何，它们似乎都是世界上最古老的蜜蜂；事实上，在缅甸发现的琥珀化石中蜜蜂标本 *Melittosphex burmensis*，距今约一亿年，就属于这个科。也已经证实，与其他膜翅物种相比，准蜂科的灭绝率非常低，但同时它的种类也很少。

可能是由于许多准蜂科物种在其食物来源方面相当特殊，使其难以产生多样性。

分布

它们喜欢温暖、干燥的气候，因此它们生活在北半球的温带地区和非洲，特别是在埃塞俄比亚，其物种数量很多。它们在南美洲和澳大利亚没有分布。

学术界比较认同的准蜜蜂科的亚科包括：

- 窄痣蜂亚科
- 毛足蜂亚科
- 准蜂亚科或毛脚花蜂亚科

图为宽痣蜂属（*Macropis sp.*）的油蜂。

窄痣蜂亚科：该亚科物种体形硕大（10～22毫米），身上有黄色斑点，与所有其他准蜜蜂科物种不同。它们生活在干旱的气候中，其分布范围仅限于非洲。2013年，它们才被认为是一个独立的科，但后来进行的研究表明，它们是一个亚科。

毛足蜂亚科：该亚科物种通常是中等大小且长有密毛。雌性有一个用于收集花粉的大花粉篮或花粉筐，由第三对腿上的毛刷组成。它们通常以数量有限的植物为食，即它们具有寡食性。

它们生活在非洲和北半球的温带地区，特别是干燥或干旱的气候中。

准蜂亚科或毛脚花蜂亚科：这个亚科的蜜蜂体长在7～15毫米，通常为深色，除宽痣蜂属外，其雄性面部有醒目的黄色斑纹。该亚科的代表性物种生活在潮湿地区或河道附近，那里生长着珍珠菜属（*Lysimachia*）植物（报春花），它们从这些花中采集花油。为此，雌蜂为了适应环境在形态上有所变化，如前腿上有特殊的毛发。此外，它们也存在于非洲和北半球的温带地区。

繁殖和筑巢

这个群体的代表性成员在一年内完成其发育。雄性比雌性早几天从地下钻出，它们在附近的花朵中等待交配。受精后，雌性会挖出带有横向通道的巢穴，通道通向育雏室，它们会将花粉制成小球，储存在那里，然后在上面产卵。除了宽痣蜂属的成员以外，巢室通常没有任何衬里，它们在巢室上涂上花油。这些蜜蜂来到产油的花朵（特别是那些珍珠菜属的花朵或报春花）中收集花油，并用来涂抹和隔离育雏室，同时将它们与花粉和花蜜混合起来喂养幼虫。

准蜜蜂科蜜蜂在完成发育后从地下钻出。

短舌蜂科

这是所有蜜蜂类别中最小的一个科，只有两个属，即未定属名*Ctenocolletes*和短舌蜂属（*Stenotritus*），共21种，仅分布于澳大利亚。在1980年以前，该科被认为是分舌蜂科的一个亚科；然而，经分析发现两者之间存在重大差异，因此它们被划分为两个科。虽然这两个科的成员嘴部都很相似，但短舌蜂科的成员舌头短而粗，呈圆形。

短舌蜂科物种与所有其他蜜蜂不同的是，它们的眼球（单眼）更靠前，靠近触角的基部，而不是像通常那样位于顶部。一般来说，它们是大型蜜蜂，体长为14～20毫米。身体强壮且生有密毛，其颜色可以是黑色、带有黄黑相间的条纹或明亮的绿色金属光泽。乍一看，其某些物种可能与普通蜜蜂类似，但体形更大。

这些独居昆虫的特点是飞行迅速。雄性在寻找配偶时很吵闹，而且领地性很强，所以它们会毫不犹豫地追赶和驱逐任何闯入其领域的入侵者，无论是否为同一物种。雌性则在地面上筑巢。它们的巢穴入口通常有一扇由松散土的土壤形成的“门”，它们每次出去收集食物时都要经过这扇门。它们是伟大的挖掘者，入口通向一个深长的廊道（在某些物种中，该廊道可达三米），两边有或多或少的通道通向各个育雏室。这些巢室或巢房内涂有一层蜜蜂自身产生的分泌物，用于防水，这也是这个物种的特点。在那里，它们将花粉和花蜜球储存在巢室里，然后将卵产在上面，这将是它们从幼虫直到蜕变前的食物，它们不变成蛹。

短舌蜂科两个属的成员彼此相似。*Ctenocolletes*属由十个物种组成，它们以各种花为食，交配时间较长，在此期间，一些雌性继续收集花粉。不同物种有不同的颜色图案。短舌蜂属有11个物种，分布在不同的地区，从地中海气候的南部地区，经过干旱的内陆地区，直到北部的草原和热带地区。它们在聚集地筑巢，通常在山坡上。这些蜜蜂的体长为10～17毫米，通常呈黑色。它们在坚硬的沙地上筑巢，所以巢穴并不深。在澳大利亚的艾尔（Eyre）半岛发现了属于这个群体的幼虫的巢室化石，其年代为更新世。

软毛短舌蜂（*Stenotritus pubescens*），这种蜜蜂身体呈黑色，具有美丽的彩虹色光芒。它们只以桉树花为食，通常在夏季，而且几乎总是在清晨出现。雄蜂发出强烈的嗡嗡声，是最早起床的，然后雌蜂出现。雌蜂建造的巢穴深28～32厘米，巢穴内衬有透明的蜡质膜。

绿色穴居蜂（*Ctenocolletes smaragdinus*）

绿色穴居蜂的学名来自拉丁语中的*Smaragdus*（“祖母绿”），因为这种蜜蜂具有醒目的绿色金属光泽，并带有一些蓝色或紫色斑纹，其体长可达19毫米，头部、身体和腿部都覆盖着白色的毛。其巢穴的入口非常隐蔽，通常不会被注意到，但在巢穴内，雌蜂可以挖掘出长达两米的通道。它们生活在沙质土壤中，在那里为各种本地花卉授粉。但是，由于土地被开垦成麦田，这种蜜蜂的种群数量已经大大减少。

西方蜜蜂

种和亚种

现代养蜂业中最普遍的品种——西方蜜蜂，它们之间也存在差异。其中有不同的物种，在每个物种中，有多个亚种，这通常与世界特定地区有关。尽管它们的基因都很接近，但它们根据对生活环境的适应性而具有各自的特性：更温顺或更具攻击性，更耐寒或更耐热……因此，它们通过相互杂交产生新特征。

由于行为特点和产量较高，养蜂业有两个主要物种：西方蜜蜂（*Apis mellifera*）或普通家蜂、东方蜜蜂（*Apis cerana*）或中华蜜蜂。前者是分布最广泛的物种，存在于欧洲、非洲和亚洲部分地区，被引入美洲和大洋洲。东方蜜蜂发现于东南亚，是其最可怕的敌人之一“瓦螨”的原始载体，由于卫生行为良好，它们对瓦螨表现出不错的抵抗力，迄今为止在其他物种中尚未发生。东方蜜蜂同样也被用于养蜂业，其蜂巢通常数量较少，产量也较低，因此它们正在被进口品系的西方蜜蜂所取代。

此外，代表性物种还有亚洲的大蜜蜂（*Apis dorsata*），它比上述蜂种略大，也更具有防御性。特点是在树木、悬崖或建筑物的高处等暴露区域建造约40米高的大型蜂巢，因此人类不可能在蜂箱中管理它们。小蜜蜂（*Apis florea*）也有类似的情况，但它在低矮的灌木丛中筑巢。两者都易于迁徙，有时迁徙的距离相当长，这可能是对寄生物种和捕食者的一种防御方式。

其他已知物种

黑大蜜蜂（*Apis laboriosa*），来自亚洲

沙巴蜂（*Apis koschevnikovi*），来自亚洲

绿努蜂（*Apis nuluensis*），来自亚洲

苏拉威西蜂（*Apis nigrocincta*），来自亚洲

黑小蜜蜂（*Apis andreniformis*），来自亚洲

瓦螨

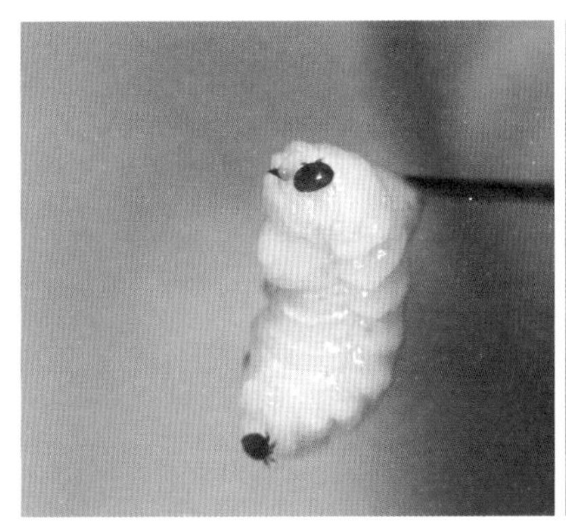

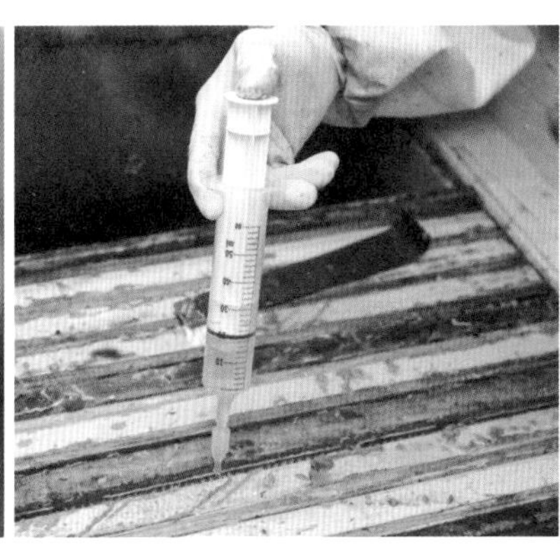

左图和中图是寄生在幼蜂上的瓦螨属螨虫。右图是在蜂巢中应用草酸水溶液，可以杀死瓦螨。

西方蜜蜂亚种

西方蜜蜂有23个物种，分布在整个欧洲和非洲。非洲西方蜜蜂体形稍小，对危险更加敏感。它们会毫不犹豫地离开巢穴去保卫自己，因此它们被认为更具攻击性。四个最著名的欧洲亚种是：

- **欧洲黑蜂**（*Apis mellifera mellifera mellifera*）：颜色呈深棕色，体形相对较小。它们能很好地适应地理和气候条件。该物种是在17世纪由欧洲定居者引入美洲的。
- **意大利蜂**（*Apis mellifera ligustica*）：起源于意大利，颜色为浅棕色或淡黄色，腹部有浅色和深色条纹。它们安静而温顺，分布广泛，是最受养蜂人欢迎的品种。在澳大利亚，占蜜蜂总量的比例超过75%；21世纪初被引入中国，并且逐渐取代了中华蜜蜂。它们更喜欢地中海气候，是绝大多数杂交的目标，这就是目前所有的杂交品种都有该品种基因的原因。
- **卡尼鄂拉蜂**（*Apis mellifera carnica*）：源于奥地利阿尔卑斯山，呈棕色或灰色。它以温顺的性格而闻名，具有强烈的结群倾向（分裂原始蜂群以创建新蜂群）。由于冬眠巢穴的体积很小，即使在不利的气候条件下，它们的食物消耗也非常少，因此比其他品种更容易过冬。

图为亚洲的大蜜蜂。

图为欧洲蜜蜂。

图为高加索蜜蜂。

图为伊比利亚蜜蜂。

- **高加索蜜蜂**（*Apis mellifera caucasica*）：一种腹部有灰色条纹的深色蜜蜂，类似于卡尼鄂拉蜂。它们性格温顺、平静，寿命比其他品种略长，对不利气候条件的抵抗力也较强。
- **伊比利亚蜜蜂**（*Apis mellifera iberica*）：也被称为西班牙蜜蜂，是源于伊比利亚半岛的一个亚种。它们的颜色很深，不易结群，较为敏感，较具攻击性。

这些品种之间发生了大量的杂交，包括自然和人为（人工）的杂交，以增强其体质和提高生产力。

非洲化蜜蜂

在20世纪50年代，巴西研究人员试图建立一个基因改良计划，旨在创造出更加高产且能更好地适应本国热带气候的蜂种，以便获得比欧洲蜜蜂更多的蜂蜜，欧洲蜜蜂是当时唯一用于养蜂业的蜜蜂。经过多次研究，他们决定引进非洲蜂种*Apis mellifera scutellata*，试图通过与欧洲驯养的蜜蜂品种杂交来对抗其已知的攻击性。

然而，似乎由于实验室里的一个意外，几个未受精的非洲蜂王和一些雄蜂逃脱了，并且不受控制地与当地的蜜蜂杂交，产生了一个新的物种：非洲化蜜蜂。这些新蜂种成功地在美洲大陆的20多个国家定居，取代了欧洲蜜蜂种群，这是有史以来最快和最壮观的生物入侵之一。

非洲化蜜蜂体形较小，因此发育速度较快；蜂王的繁殖能力极强，蜂群有着巨大的结群趋势，因为一个蜂群每年可以产生八个以上的新种群，而欧洲蜂群最多分裂一次或两次。此外，它们对某些疾病的抵抗力也更强。目前，大约已有100人被非洲化蜜蜂杀死，因为尽管它们的毒液与欧洲蜜蜂的毒液没有什么不同，但能在短时间内叮咬数千次，导致人们被注入大量毒素，因此，就有了“杀人蜂”的绰号。

图为坦桑尼亚塔兰吉雷国家公园的一棵树上的蜂巢。

西方蜜蜂的起源

人们之前一直认为家养蜜蜂起源于非洲，因为亚洲没有这个物种。然而，最近发现，它更可能是大约30万年前从亚洲大陆抵达的一个古老品系的后代。由几个国家的研究人员开展并发表在《自然·遗传学》杂志上的遗传学研究显示，这些昆虫迅速适应了它们的新领地——欧洲和非洲的环境，直到它们作为传粉者的工作变得不可或缺。

蜜蜂似乎向西穿过中东，然后进入非洲大陆，它们可能在那里遇到了第一批原始人。不久之后，它们征服了欧洲大陆，而不得不面对大冰河期。据信，在15万年前，蜜蜂已经遍布南欧，在末次冰河期之后，它们逐渐向北扩展其领土。在伊比利亚半岛，有一些洞穴壁画显示了人类与蜜蜂共存的情况，如在瓦伦西亚比科普的蜘蛛洞的壁画，它已成为养蜂业图像学的象征。

适应性

来自热带和亚热带的蜜蜂必须适应温带气候的温度波动，为此它们制定了不同的策略：选择有遮蔽的洞穴（树洞或岩石之间的空洞）来建立自己的巢穴，形成更多的蜂群，拥有更多的蜂巢为过冬储存更多的食物，并完善了自身的温度调节功能。

这些昆虫的形态有史以来似乎没有发生什么变化，虽然第一批蜜蜂的社会组织程度不详，但可以推测它们开始了这种行为，这种行为已经演变为如今的蜂群的复杂性，其中信息素在工蜂对蜂王进行的利他行为中起着决定性作用。

遗传多样性

这项研究采用了最新的遗传技术，由瑞典乌普萨拉大学的一位教授领导，分析了来自14个不同种群的蜜蜂的基因组，发现所有的蜜蜂都具有令人惊讶的高度多样性。与其他家养动物不同，人类对蜜蜂的管理似乎培养了它们的遗传多样性，通过混合来自世界不同地区的物种，以获得可管理且高产的蜜蜂。

西方蜜蜂的品系

蜜蜂的不同品系是系统发育分类的结果，这种分类是通过DNA分析进行的。“系统发育”一词来自希腊语phylom（意思是“种族或血统”）和gennam（意思是“产生、孕育或生产”）。它可以说是为确定亲缘关系对其进化史的重构。按照这种划分，它们被分为五个品系：

- C品系：卡尼鄂拉组（代表性物种有意大利蜜蜂和卡尼鄂拉蜂）
- M品系：地中海组（代表性物种有伊比利亚蜜蜂、欧洲黑蜂）
- A品系：非洲组（代表性物种有好望角蜜蜂、东非蜂等）
- Y品系：西北非洲组，也门蜜蜂（*Apis mellifera yemenitica*）
- O品系：中东组（代表性物种有高加索蜜蜂）

图为C品系卡尼鄂拉组的活体标本（卡尼鄂拉蜂）。

图为石灰岩上的野生蜜蜂蜂窝，可能是西方蜜蜂。

了解蜜蜂的起源和进化对于了解它们有史以来如何适应不同的环境和威胁，以便我们现在为其提供帮助，具有非常重要的意义。气候变化是它们最大的敌人之一，因为它们就像所有昆虫一样，对气候的变化非常敏感。在过去的冰河时代，欧洲蜜蜂的数量明显减少，而非洲蜜蜂的数量却在增加。现在的情况可能正好相反。

图为人类通过实验室工作促成了蜜蜂的遗传多样性。

科学研究与发现

- 根据英国纽卡斯尔大学的一项研究，蜜蜂也会表现出一种“悲观态度”。科学家们发现，这些昆虫的情绪反应与人类的情绪反应比之前认为的更加相似。在这项研究中，他们模拟了捕食者攻击蜂巢的情况，并发现受到压力的蜜蜂对坏结果表现出更大的预期，因为在它们身上检测到了某些与抑郁症有关的神经化学物质（多巴胺、血清素和章胺）的水平发生了改变。这表明这些小动物和脊椎动物之间的相似性比我们想象的更高，尽管这并不一定意味着它们的情绪和我们一样强烈。
- 在另一个有可能改变我们对这些昆虫看法的发现中，新西兰科学家发现蜜蜂和人类的大脑活动之间有更多相似之处。该研究显示，与注意力、记忆和意识有关的阿尔法波（由大脑产生的电波）与人类相似。为此，他们在露天蜂巢中对蜜蜂进行研究，在蜂巢上安装电极以测量蜜蜂的大脑活动，例如，它们如何将颜色与食物联系起来。蜜蜂的大脑（有100万个神经元，而成年人有近1000亿个）已经被研究了数十年，众所周知，它们能够很快学会识别不同的花香，它们有五个阶段的记忆，并能区分一些数字。此外，根据已得出的结论，它们大脑中的钙作为一个开关，将短期记忆转化为长期记忆，因此它们拥有的钙越多，学习能力就越强。

群居昆虫和蜂巢中的生活

昆虫是最早在陆地上定居的动物。已发现的化石可以追溯到泥盆纪。几乎其所有代表都是独居性的，只有在交配季节才与同类中的另一个成员互动，在储备的食物旁产下卵后，它们通常会死亡。

其中一部分经过了长时间的演化。据信，它们可能经历了不同的阶段，在这些阶段中，它们首先照顾自己的幼虫一段时间，后来共享巢穴，一开始没有互动，然后合作照顾后代，所有的雌性都有生育能力。在更高程度的社会性中，几只姐妹开始在一起生活，但只有一只充当蜂王并产卵，而其余的则执行工蜂的任务。最后，最高的表现是真社会性，在这种情况下，工蜂是蜂王的女儿而不是姐妹，因此世代重叠，有生育能力的雌性寿命很长。

社会生活的优势

昆虫的社会行为发生的时间相对较新，因为第一块白蚁化石可以追溯到大约两亿年前，一亿年后膜翅目（蜜蜂、蚂蚁和黄蜂）出现并逐渐占据优势地位，即它们取得了更大的进化成功。

取得这一成就的原因之一是，由于合作提供食物及存在保护自己免受恶劣天气影响的巢穴，蜜蜂是少数能够度过严冬的昆虫之一。蜂群动员所有工蜂的能力可以克服独居昆虫无法解决的困难，如抵御大型或众多的捕食者。此外，通过社会组织，蜜蜂设法提高了繁殖率：增加了后代和幸存者的数量，并延长蜂王的预期寿命。

社会行为使蜂群作为一个超级有机体发挥作用，其成员在其中和谐地运作，使其行为类似于一个单一的生物，其各自的任务被完美地定义和协调。每个个体本身并没有价值，只有集体运作才能创造价值。

蜜蜂行为

众所周知，蜂群作为一个整体存在，其中整体的生存非常重要，但英国谢菲尔德大学的一项研究发现，蜂巢就像人脑一样，也就是说，每个蜜蜂都像一个神经元一样发挥作用。

为了解西方蜜蜂的决策过程，研究人员观察了蜂巢以确定如何划分出蜂群，以及在决定新巢穴的位置之前发生了什么。具体而言，他们分析了这些蜂群在不同选项之间作出选择的速度，并将结果与适用于人类决策的一些心理物理定律联系起来。

如皮埃隆定律所述，如果两个选项都具有高质量，蜜蜂作出决定的速度会更快，但如希克定律所述，随着可能性数量的增加，蜜蜂作出决定的速度会变慢。研究人员还发现，根据韦伯定律，两个选项的质量差异越小，选择就越困难。这不仅告诉我们这些生物如何相互作用，对它们的研究还可以揭示我们自己思想决策的许多方面。

蜂巢中的生活

蜂巢中全年都有成千上万只工蜂和一只蜂王；在春季和夏季，还会伴随着数百只雄蜂。所有这些都以一种复杂且非常有组织的方式进行社会结构化分工。其中每只蜜蜂都如传动装置上的一个零件，无法独自生存。

蜂巢

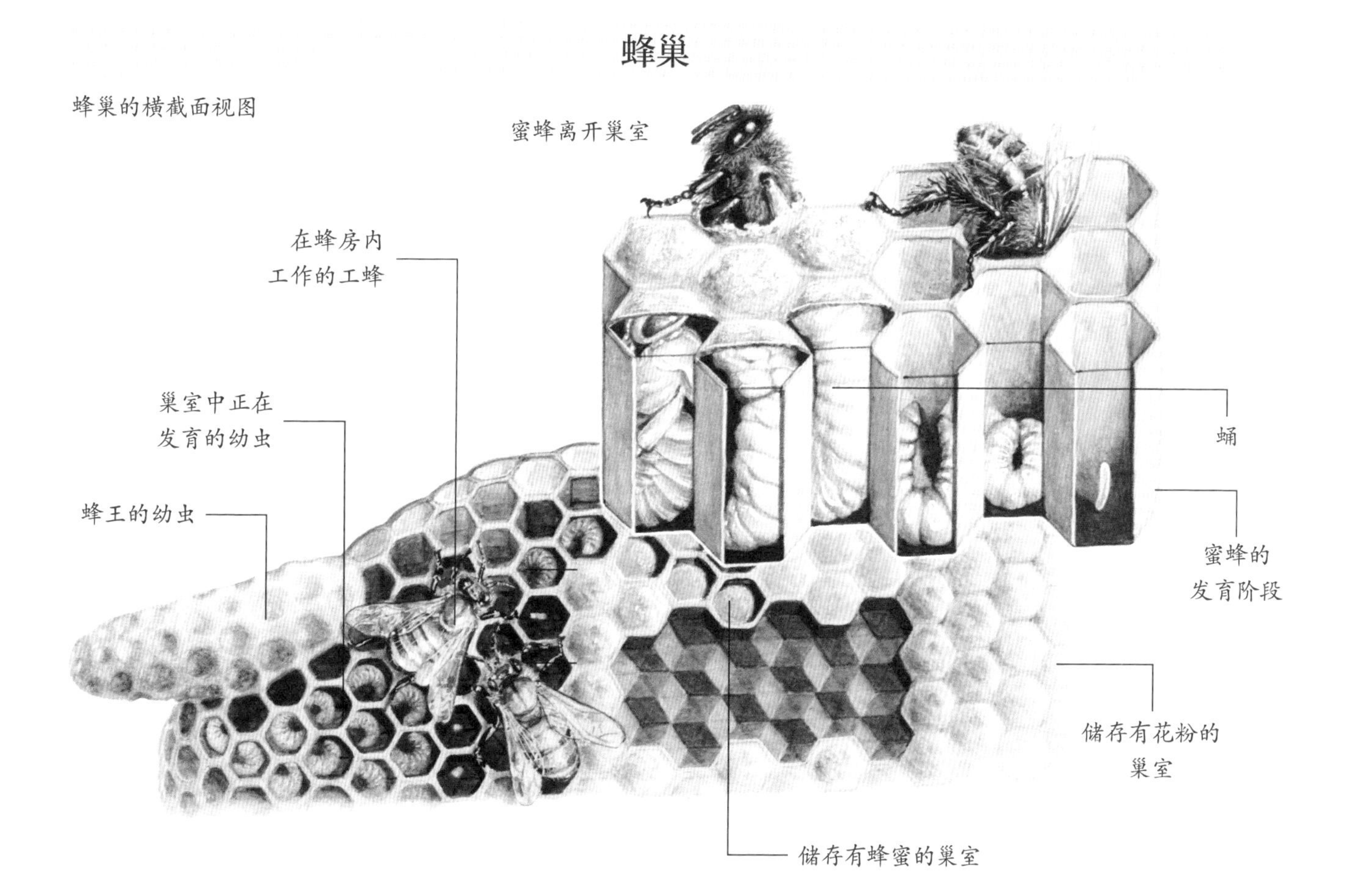

通过气味识别

工蜂们通过纳萨诺夫腺体分泌的气味来识别同巢的姐妹，不过如果外来的蜜蜂迷了路并带着花粉或花蜜来到蜂巢，工蜂们也会让它通过。守卫者还可以散发出它们（蜂巢）的气味，这样流浪者就能找到回家的路。

正如我们所知，群居蜜蜂有三种角色：蜂王、工蜂和雄蜂。蜂王负责产卵，从而确保蜂巢的延续。在高峰期，它每隔几秒钟就能产一个卵，也就是说，每天约产3000个。受蜂王指挥的工蜂有3万～8万只，在它们的一生中（平均约40天），将根据年龄的不同承担不同的任务。

工蜂的职能

工蜂一出生，就会花三四天的时间进行清洁工作，因为必须保持蜂巢处于完美的卫生条件，并使巢室一尘不染，这样蜂王才能在其中产卵。它们还会清除蜂巢中可能存在的尸体，以避免真菌感染。

随后，它们便成为“保育员”，因为它们发育出被称为咽下腺的腺体，负责分泌蜂王浆，并开始喂养三日龄以下的幼虫以及蜂王。工蜂幼虫和蜂王幼虫之间的区别是，前者从孵化后的第三天起，将开始吃一种花粉和蜂蜜糊，而蜂王将终生食用蜂王浆，因此它会发育得更快，体形也会更大。

第三周，它们会执行各种任务，如把花蜜变成成熟的蜂蜜，储存或清洁。一些工蜂腹部发育出四对蜡腺，分泌一种液体，与空气接触后形成蜡板，蜜蜂用腿收集这些蜡板，用下颚揉搓后修筑、修复巢室，或制作蜡盖以封盖储存了蜂蜜的巢室。

在上述所有时间内，工蜂始终待在蜂巢内，几乎是在黑暗之中。在下一个阶段，它们开始向外移动，因为它们扮演着守护者的角色。它们移到蜂巢的入口处，以防止任何入侵者偷取珍贵的蜂蜜。

第三周后，它们将度过生命的最后一个阶段，即探访花朵，因为蜂巢中最年长的通常是觅食者，也就是花蜜、花粉、蜂胶和水的收集者。这些“爱冒险的老奶奶们”不知疲倦地工作，收集食物并带回家中；它们所做的努力常常使自己过劳而亡。在丰收的季节，一只采集花蜜的工蜂一天的行程似乎可达500万次，通常最多可以飞离蜂群三千米。值得注意的是，就像自然界的其他动物一样，这些阶段并不是固定不变的，可能有年轻的采集者，也可能有年老的保育蜂。

雄蜂的职能

雄蜂的主要功能是繁殖，偶尔也会产生热量和

图为由工蜂们照料的蜂王蛹。

蜂巢受到攻击

研究表明，当蜂巢受到致病真菌的攻击时，觅食的工蜂会给蜂群带来更多的蜂胶，因为这种物质具有抗真菌的特性，有助于对抗感染。

分配花蜜。从春季到秋季，数百只雄蜂都生活在蜂巢里，到了秋季，它们会被工蜂赶出蜂巢，最终死于饥饿或寒冷。这种行为看起来似乎很残酷，但正因如此，才能确保蜂巢的超级有机体状态：寒冷的天气即将来临，在几个月内，它们需要消耗自己积累的蜂蜜储备来生存；而雄蜂不再发挥任何作用，因为蜂王不需要受精，雄蜂消耗食物可能会危及整个蜂群的生存。

冬季

当冬季来临前，蜂巢中储存了足够后续几个月食用的蜂蜜时，蜂王开始减少产卵，年老的工蜂死亡，而年轻的工蜂由于不必喂养更多的幼虫，变得更加强壮，这将导致它们的寿命延长（夏末孵化的蜜蜂可以存活6~8个月）。

在冬季，蜜蜂聚集在巢穴的中心区域，形成一簇或一团，并开始振动。其目的是保持蜂群的温度：蜂群内的蜜蜂个体产生的热量在25~30摄氏度，而表面的个体则形成一个隔温层，保持在6~9摄氏度。不时会有轮班变动，但年长者将始终留在外围，其中许多会死去以保持其余蜜蜂的温暖。

蜜蜂区分刺激和信号

根据发表在《自然》杂志上的一项研究，蜜蜂能够理解，或者至少能够区分刺激或信号。

科学家们进行了一项实验，让昆虫通过一个Y形管。进入时，它们会收到某种颜色或气味信号；在Y形分叉点，一条通道的标记与入口相同，而另一条的颜色或气味则与入口不同。蜜蜂会立即知道糖水在标记与入口相同的管子的末端，即使颜色或气味发生了变化。

这个实验也可以反过来进行，即刺激通过选择标有与入口不同信号的路径实现。

繁殖和蜂王

蜂王是蜂巢中唯一有生育能力的雌蜂，因此它的作用对蜂巢的存续至关重要，但这并不仅仅是出于其繁殖功能，还因为它能够分泌“蜂王信息素”，对蜂群的所有活动进行管理和控制。

图为养蜂人手中的蜂王巢室。当条件对蜂群有利时，蜂王则开始产卵。

从身体结构来看，蜂王与其他蜜蜂有很大不同，其体形较大，有着修长的腹部和强壮的腿。它没有花粉筐、蜜嗉和蜡腺，而且，它的舌头很短，这意味着它必须由工蜂来喂养。它有一根长而光滑的螫针，但与它的工蜂女儿们不同，其螫针刺入后，蜂王不会死亡，它只会用螫针来杀死其他蜂王。

当一个注定要成为蜂王的幼虫孵化出来时，其第一阶段（六天）将食用蜂王浆，这是一种营养丰富的食物，并决定了它区别于工蜂的特性。培育蜂王的巢室（称为王台）比其他巢室更大、更直立，类似于花生。产卵和变态发育后16天，成年蜂王出现。它做的第一件事是寻找其他蜂王，用螫针将其杀死；如果两个蜂王同时出生，就会发生一场生死搏斗，以决定由谁接管蜂群。

蜂王周围环绕着喂养它的年轻工蜂。

蜂王的生命周期

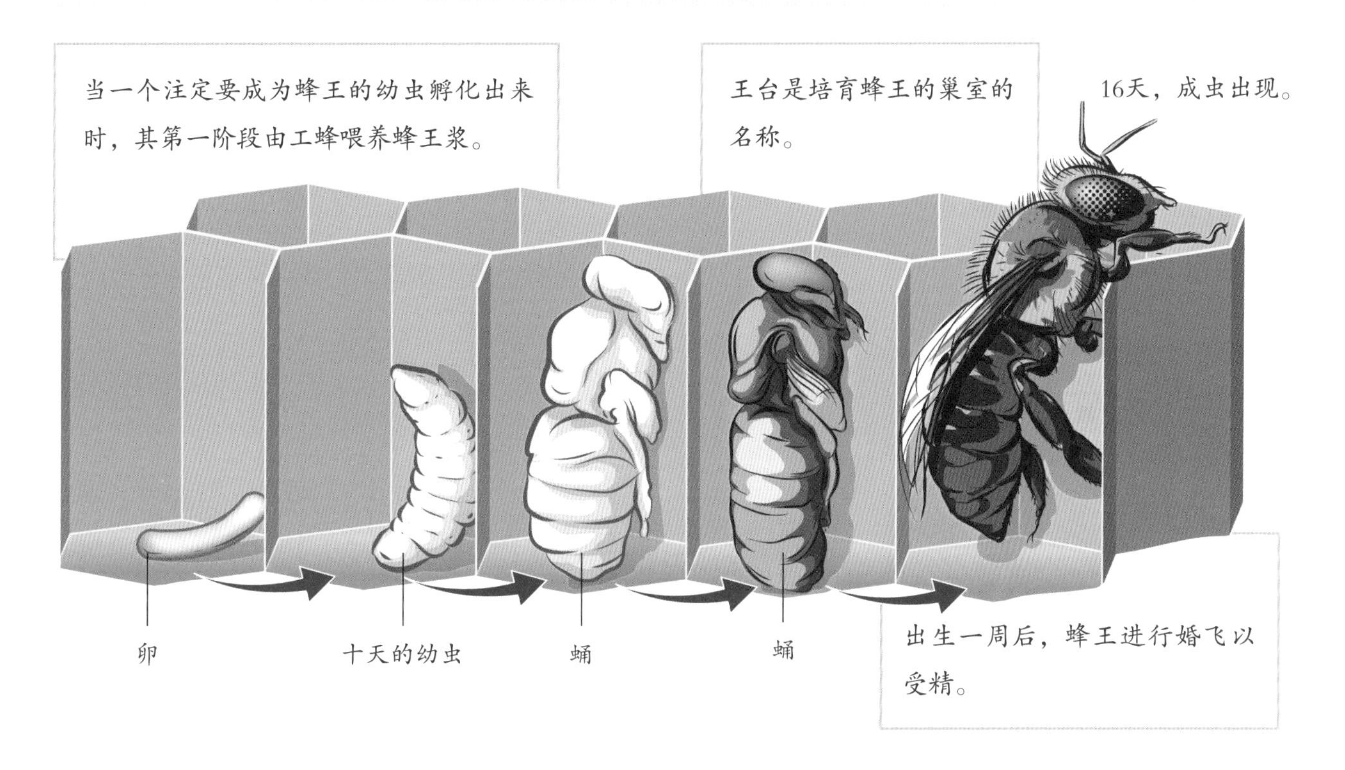

繁殖

大约一周后，处女蜂王会在一天中最温暖的时候进行一次或多次婚飞。她在一群雄蜂的追逐下迅速向上飞行。只有最快的雄蜂，由于其良好的视力，才能追上蜂王并与之交尾，在与蜂王交尾完成后，雄蜂的生殖器脱落并立即死亡。精子将被储存在蜂王腹部的一个袋子或精囊中。可能会发生几次交尾，通常是与远离蜂巢的来自其他巢穴中的雄蜂交配，直到精囊装满精子。其数量足以使蜂王一生所产的所有卵受精。如果在第10天和第20天之间，由于任何原因而导致蜂王无法繁殖雌蜂，它将只能产下雄蜂卵，那么蜂群就会灭亡。

受精后的蜂王需要大约30分钟才能回到蜂巢，并且不会再离开蜂巢（除非在分蜂的情况下，详见第73页）。几天后，蜂王开始产卵，这项任务直到它死亡都不会放弃。蜂王周围绕着一群年轻的工蜂，它们舔舐、喂养蜂王并清除其粪便。蜂王不断地在蜂巢中央部分（育雏室）走动，它把头伸入每一个巢室，逐个检查是否空置和干净。当它把腹部插入雄蜂室时，会产下一个未受精的卵，而当它把腹部插入工蜂室时，工蜂室较小的直径会压迫精囊，释放精子并使卵子受精，产下一个受精卵。蜂王的寿命为3~5年，但一般来说，从第三年开始，产卵的数量就会减少。

图为栖息在仙人掌花上的蜂王。

交哺行为

交哺行为是一些社会性昆虫用来互相喂食或通过口到口传递信息素的一种机制。这种行为既可以发生在两个成虫之间，也可以发生在一个成虫和一个幼虫之间。

一群蜜蜂在追逐蜂王的气味。

蜂王的气味

除了作为母亲之外，蜂王还负责保持蜂群的团结，其下颌腺会产生一种气味或信息素（氧代癸烯酸），当工蜂们舔舐蜂王时就会吸收这种信息素，然后通过交哺的方式在整个蜂巢内传播。随着蜂王年龄的增长，这种腺体的分泌量会逐渐减少，当蜂巢中蜜蜂的数量众多时，每只蜜蜂携带的这种物质的浓度也会降低。

这种信息素对调节工蜂和雄蜂以及其他蜂王的行为极为重要。它负责保持蜂群的团结，通过抑制卵巢发育来阻止形成其他蜂王，甚至防止分蜂；如果蜂王婚飞后没有回巢，工蜂可以产下未受精的卵，蜂巢中蜜蜂的数量会逐渐减少，直到消失。信息素也是雄蜂的性引诱剂，如果有其他蜂王出现，这种信息素还可以煽动它们自相残杀。

信息素的另一个作用是，它可以改变工蜂的行为。工蜂根据其淋巴液中信息素的水平，建造或大或小的育雏室：在春季，它们建造工蜂室；在夏季，蜜蜂数量增加，信息素的数量减少，因此它们开始建造雄蜂室和新的蜂王室，为分蜂做准备。

蜜蜂的生命周期

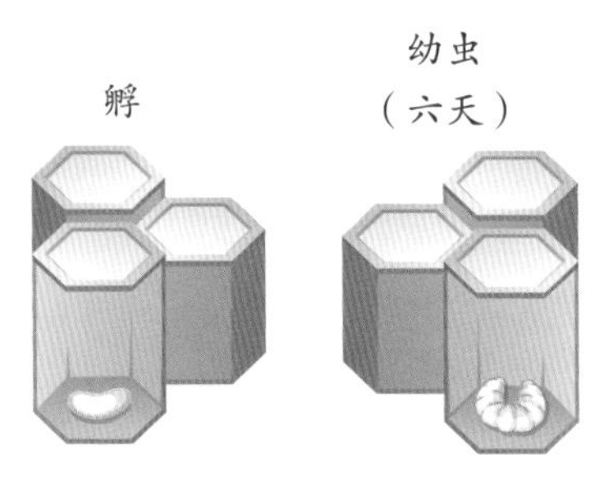

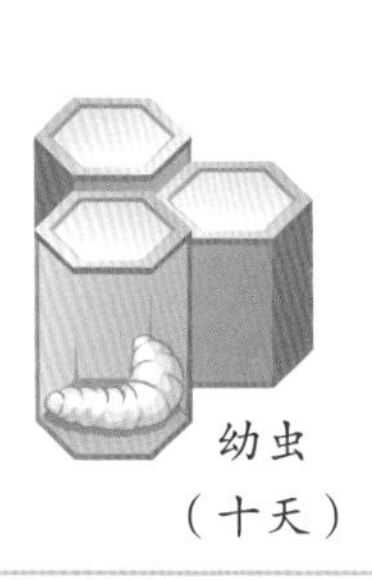

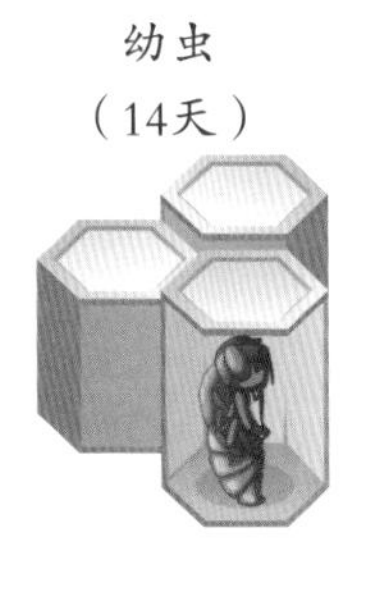

蜜蜂的生命周期是完全变态发育的，要经历四个不同的生命阶段（卵、幼虫、蛹和成虫或成蜂）。蜂王会产下1500～2000个蜂王卵、不孕的雌性工蜂卵和雄蜂卵。三四天后，卵孵化成幼虫并由工蜂负责喂养。

成虫示例

工蜂可以饲喂新蜂王。

蜂王的更换

当蜂王消失或突然死亡，或者蜂王太老或生病时，工蜂可以饲养新的蜂王。

分蜂

产生新蜂王的第三种情况是：蜂群或蜂巢作为一个超级有机体进行繁殖。蜂群分裂，产生一个新的蜂群，从原蜂群中独立出来，离开巢穴，在一个可以提供保护的洞穴内寻找或建立新巢穴。促进分蜂的活动和条件是由蜂王信息素控制的，这种情况通常发生在开花高峰期开始时，因为离开巢穴的蜂群需要大量的食物才能从头开始：建造蜂巢、储存食物和产卵。

当蜂群分裂并产生一个新的蜂群时，另一个蜂王就会诞生。

同样在这个时候，由于花蜜和花粉十分丰富，蜂王的产卵量大大增加，蜂巢中成员的数量也随之增加。这意味着蜂王信息素的浓度下降，因此工蜂们开始建造几个蜂王巢室。当新蜂王准备出现时，蜂王和一部分各年龄段的工蜂（工蜂总量的50% ~ 90%）在准备离开家园建立新家园时会大量摄入蜂蜜。同时，侦察蜂为新蜂群寻找可能的庇护所，它们会通过跳舞（蜂舞）的方式向新蜂群表明自己的位置。当新蜂群离开后，原蜂巢中的工蜂则允许处女蜂王出现并领导蜂群。

欧洲蜜蜂每年分蜂一次或两次，而非洲化蜜蜂平均每年可产生五个蜂群。

蜂蜜

为了储存一千克蜂蜜，蜜蜂必须拜访200万朵花。12只蜜蜂一生中只能生产一勺蜂蜜。蜂蜡的成本则更加昂贵，因为要获得一千克蜂蜡，它们必须摄取7 ~ 10千克的蜂蜜。

从蜂房中收集蜂蜜。

沟通

为了使蜂巢作为一个单一的有机体统一运作，良好的沟通是必不可少的。但是，由于蜜蜂在巢内处于黑暗之中，沟通就变得复杂了，所以欧洲蜜蜂不得不基于嗅觉（信息素）和触觉发展出其他类型的语言。

蜜蜂在蜂房附近飞行。

蜜蜂对它们需要沟通的不同对象分泌不同的特殊气味：幼虫发出“蜜蜂宝宝”的气味，向哺育蜂发出信号来喂养它们；如果一朵花已经被探访过，而且花蜜已经采完，蜜蜂就会用气味对花进行标记，告诉同伴这朵花已经采集过，不要在此浪费时间。如果一个觅食者在回巢的路上迷路了，它的姐妹们就会排出一种信息素来标记回家的路；当可能存在捕食者时，守卫蜂会发出气味来警告蜂巢的其他成员，这些成员就会出来保护蜂巢。当然，还有协调所有活动的蜂王信息素。

当一只工蜂带着装满花蜜的嗉囊来到蜂巢时，会有一两只年轻的蜜蜂迎接它，它们会用舌头收集花蜜，将它带到储藏室或分发给蜂巢中的同伴。食物分发完毕后，采集者就会栖息在蜂巢的垂直板条上，开始在那里作出一些“舞步”，并逐渐被其他蜜蜂跟随，这些蜜蜂会用触角与其接触，重复同样的动作，从而学习其舞蹈及其传递的信息。但除此之外，采集者（外出寻找花蜜和花粉的工蜂）还留下另一种标记，即它采集到的花蜜的气味，这表明这些花正处于最佳时刻。

几分钟后，蜜蜂会离开蜂巢，直接前往舞者获得花蜜的地方。但是，它们如何能被几个简单的动作所引导呢？事实证明，蜜蜂的语言被认为是仅次于人类的最复杂的通信系统，因为它们能够通过非

蜜蜂和沟通

蜜蜂的工作

亚里士多德在其《动物史》或《动物研究》中描述了蜜蜂的行为，他在公元前343年左右创作的《动物史》中表示，这些昆虫需要交流才能工作，并描述了一个“首领”（蜂王）的存在。

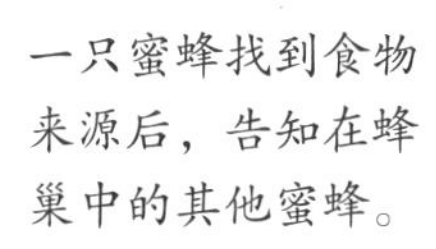

一只蜜蜂找到食物来源后，告知在蜂巢中的其他蜜蜂。

几只蜜蜂跟随着它并将花粉运送到蜂巢。

跳舞的蜜蜂

还有一种传递信息的方式，几十年来一直是科学家们关注的焦点，那就是所谓的“蜜蜂舞蹈”。

早在18世纪，德国人施皮茨纳就意识到，蜜蜂拥有自己的交流系统，即通过一种舞蹈进行交流。两个世纪后，奥地利人卡尔·冯·弗里施才能够解释采集者在返回巢穴时的各种动作。冯·弗里施使用玻璃蜂巢并训练蜜蜂在某些特定地点觅食，成功破译了信息，并因此获得了1973年的诺贝尔生理学或医学奖。

常简单的符号，将三维情况（蜂巢外部）转化为二维情况（蜂巢内部），反之亦然，并以难以置信的精确度传递位置、距离和方向信息。

千年定位系统

如果舞者绕着蜂巢转几圈，就意味着食物来源距离不到25米，所以其他蜜蜂就会飞出蜂巢向各个方向搜寻。它们的目标越远，舞步就越复杂，因为需要更精确的指令。因此，如果花朵位于25～100米，它会跳半圆形或“镰刀”舞，随着指示距离的增加，舞步也会发生变化，呈现出扁平的“8”字形。

丰收期过后，蜜蜂飞回蜂巢。

当食物在更远的地方（100～10000米）时，蜜蜂开始表演一个非常圆润的“8”字（两个半圆由一条直线连接），舞蹈变得更加复杂，因为它包含更多的数据，例如方向和意义：在蜂房上，对这些昆虫来说，一条假想的垂直线代表太阳的位置；因此，舞蹈相对于垂直线的角度转化为花朵相对于太

图为蜂巢内的蜜蜂。

阳的角度。如果一只蜜蜂向上跳舞，其他蜜蜂就会向太阳的方向飞去；如果它与垂直线的左侧成90°角跳舞，其他蜜蜂就会在太阳的左侧成90°飞行。在一天之中，它们利用自己的生物钟来调整太阳在天空中的位置。此外，通过感知紫外线，即使在阴天，它们也可以辨别方向。

同样，直线段的路线也提供了其他数据，例如食物的质量和数量以及所需的能量消耗。持续时间越长，食物来源就越远；对蜜蜂来说，行进的距离是以能量消耗来衡量的，所以如果有障碍物（比如它们必须绕过的山），舞蹈会显示出一条直线轨迹，并显示出越过障碍所需的时间。它们也会考虑到是否有逆风；这就是为什么它们离开蜂巢不超过三千米，但舞蹈可表示长达十千米的距离。如果它们沿着笔直的轨迹非常有力地移动腹部，则意味着信息非常重要；此外，它们还会发出低频的嗡嗡声。

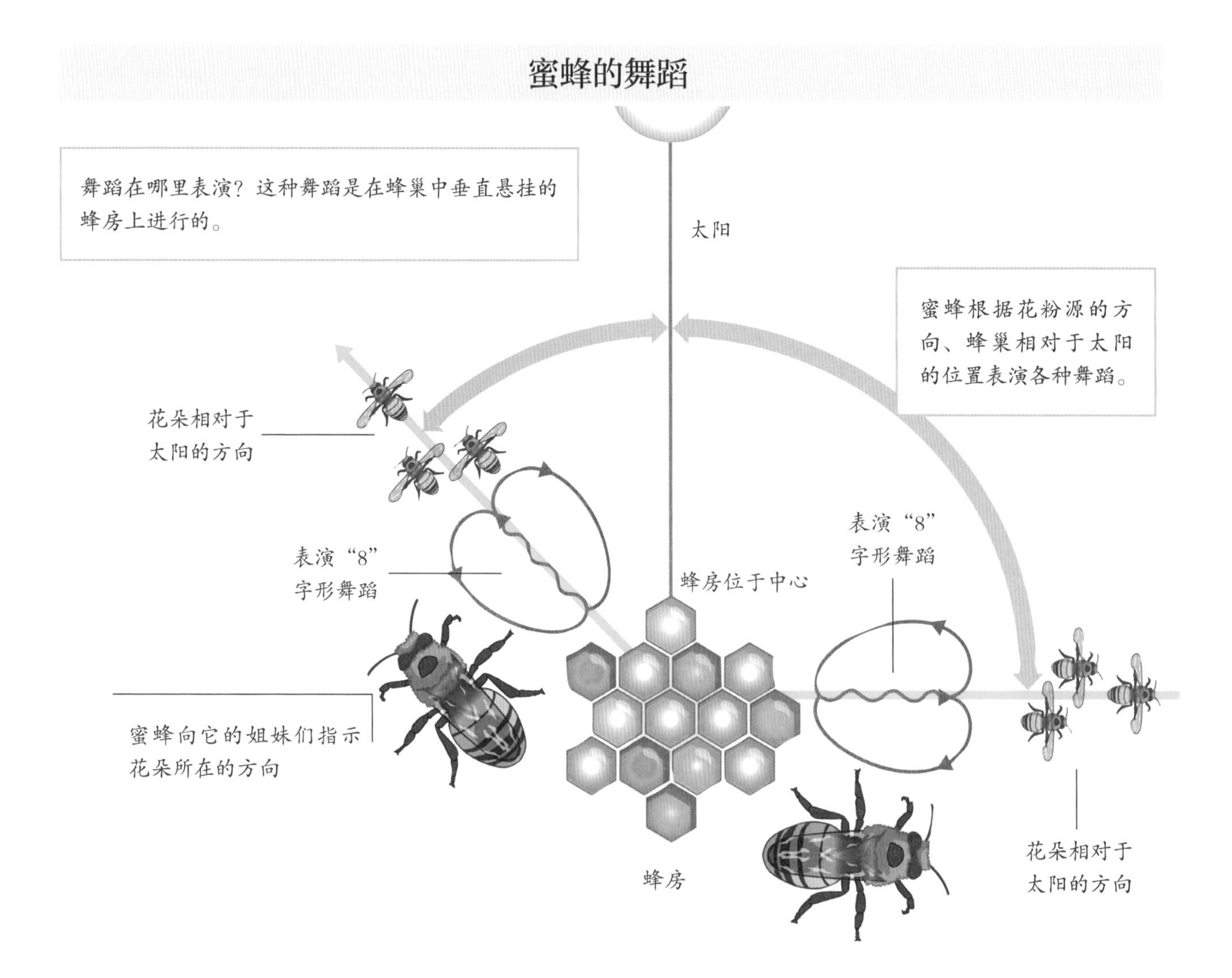

蜜蜂在蜂巢入口处表演舞蹈。

蜜蜂的“语言”

事实证明，不同种族的蜜蜂，根据起源的地理区域，有自己的“语言”，不同种族之间的“语言”无法相互理解。此外，在蜂巢中还有其他类型的舞蹈：在分蜂时表示新的位置，当采集者携带含有毒物质的花蜜时（它们呈螺旋状移动）或者梳理舞，即请求其同伴为它清除身上的寄生虫。

舞者表现得越热情，就意味着花蜜越甜，数量越丰富。

图为欧洲蜜蜂。

报警信号

发表在《公共科学图书馆：生物学》（*PLoS Biology*）杂志上的一项研究表明，蜜蜂能够发出危险信号，并能区分不同类型的威胁、威胁的程度和性质。如果采集者检测到外面有风险，它会返回蜂巢并将信息传递给蜂巢中的同伴，从而阻止它们外出觅食。

研究主要集中在亚洲的东方蜜蜂上，研究人员发现它们在受到攻击时产生不同类型的振动。对于较大和较危险的捕食者，它们每秒产生的振动比较小的捕食者更频繁。这些信号是通过互相撞碰头部触角来传递的，从而激发对每种情况的适当反应。在由美国圣地亚哥大学与其他亚洲机构合作进行上述研究之前，这些报警信号只在少数脊椎动物中观察到，如鸟类或灵长类动物，因此，它是在昆虫中发现的最复杂的报警机制。

蜜蜂进出蜂巢。

养蜂史

人类与蜜蜂的关系可以追溯到史前时期，当时人类还处于原始部落阶段，从一个地方到另一个地方去寻找必要的生存资源。一些洞穴壁画即有这方面的记载，如西班牙蜘蛛洞（瓦伦西亚）或南非德拉肯斯山洞穴中的壁画。这些壁画展示了人类祖先是如何通过爬树或进入悬崖缝隙从蜜蜂的巢穴中采集蜂蜜的；这种做法在当今的某些文化中仍然存在。

图为用天然材料制成的老式蜂箱。

当从食物采集者变为定居者时，人类开始了一种新的生活方式，成为农民和牧民，驯养了包括蜜蜂在内的一些动物。人们利用自然或人工挖空的圆木作为蜂巢，开始繁殖和饲养第一批蜂群。

古老的苏美尔人遗留给我们的“文字泥板”反映了当时的人们与养蜂业的关系，除此之外，人们还准备了治疗伤口或护理皮肤和头发的软膏。后来，埃及人在各种作品中记录了他们如何提取、储存和保存蜂蜜，用于治疗疮伤、割伤或烧伤，以及作为一种强化食品和化妆品。他们还用发酵的蜂蜜酿造啤酒，并使用蜂胶对尸体进行防腐处理。

也有证据表明蜜蜂对其他文明的重要性，如希腊人、罗马人和阿拉伯人等创造的文明。对于希腊人而言，蜂蜜是一种基本的食物，在希腊神话中，蜂蜜有“众神的美食”之称。希腊文化的崇拜者罗马人继承了他们对蜜蜂的喜爱，并在大量的文学作品中体现出来。阿拉伯人将蜂蜜视为一种重要的壮阳药，而对中国人来说，它是烹饪传统中的一种重要成分，这种烹饪传统有着5000多年的历史。在西方，《圣经》中经常提到这些动物及其产品，其中

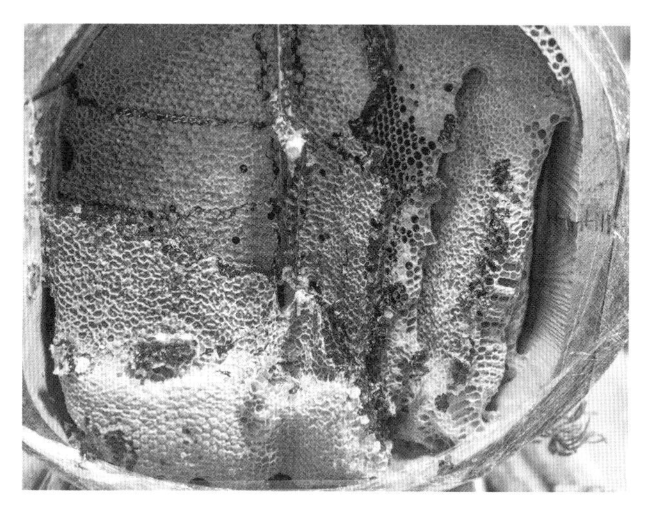

图为在土耳其卡拉科钱的天然蜂巢。

应许之地被称为“流淌着牛奶和蜂蜜的土地”。

原始的养蜂业包括在春天猎取野生蜂群，将它们安置在用稻草、软木、泥巴或空心树干制成的蜂巢中。夏末，养蜂人杀死几乎所有蜂群的蜜蜂，剪下蜂巢，将蜂蜜从蜂蜡中分离出来，或将蜂巢直接浸入沸水中。

当时，没有任何方法可以在不伤害蜜蜂的情况下提取其产品。

1851年，养蜂业历史上最伟大的里程碑贡献之一，这要归功于洛伦佐·朗斯特罗什，这位美国牧师发明了带有活动框架的现代蜂巢，框架之间必须保持一定的距离（9.5毫米），即足够让两只蜜蜂通过，但又不至于让它们在两个表面之间建立蜡桥。这样，在蜂蜜和蜂蜡用完后，框架可以重新使用。

图为草编蜂巢。

其他引人注目的发明是利用离心力作用提取蜂蜜的蜂蜜提取器（弗朗西斯科·德·赫鲁斯卡于1865年发明），以及蜂烟器（摩西·昆比于1875年发明），如今，不少养蜂人还在使用他的设计，其作用是在蜂巢中散布烟雾，使蜜蜂闻到后认为发生火灾，从而厌弃蜂蜜，并降低攻击性。

图为根据费朗西斯科·德·赫鲁斯卡设计的式样制作的蜂蜜提取器。

埃及古墓

1922年，在法老图坦卡蒙的陵墓中发现了几个蜜罐，尽管过去了33个世纪，它们仍然保存完好。

图为卢克索的卡纳克神庙的柱上的象形文字，其中可以看到蜜蜂图案。

授粉

授粉包括什么？

授粉是植物繁殖的重要过程，这与花朵密不可分，花朵是植物最吸引人的部分，没有它，物种的多样性将会寥寥无几。

这张微距照片显示了蜜蜂携带花粉的器官，由其后脚跗节膨大及外侧形成的凹槽组成。

首先，应当明确的是，植物分为裸子植物、被子植物等。裸子植物这个名字的意思是“裸露的种子”，因为种子是暴露于环境条件下形成的，并不像针叶树那样结出果实。它们是最早居住在地

松树授粉和受精的各个阶段

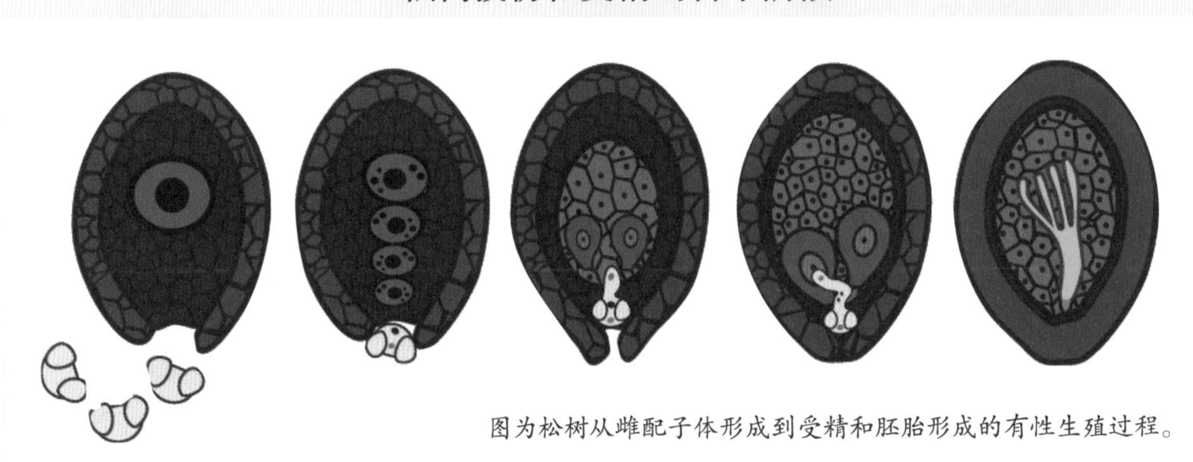

图为松树从雌配子体形成到受精和胚胎形成的有性生殖过程。

球上的物种之一，当时还没有出现能够授粉的动物物种，所以它们不得不依靠风来实现这一目标。它们有雌花序（一组鳞状花）和雄花序（一组由大量鳞片组成的花，实际上是容纳花粉的雄蕊）。

被子植物（来自希腊语angeion，意思是“容器”）是我们所知道的有花植物。这些花由萼片、花瓣（吸引传粉者）、雄蕊和心皮（形成花中子房壁的改性叶片）组成，心皮包含并保护胚珠。此外，它们还有雄性部分或雄蕊、雌性部分或雌蕊。二者可以存在于同一朵花中（雌雄同体），也可以存在于同一植物的不同花朵中（雌雄同株），或存在于不同的单性花中（雌雄异体）。

雄性部分由花药（包含花粉）和花丝（支撑花药）组成。雌性部分由雌蕊组成，而雌蕊又分为柱头（接收花粉的部分，具有黏性，使花粉附着）、花柱（容纳柱头并通向子房的小管）和子房（包含胚珠的部分）。

因此，授粉是将花粉从雄蕊转移到雌蕊的柱头或接收花粉的部分（胚珠所在的地方）的过程，之后将产生果实和种子。这一过程分为两个阶段：一方面是授粉本身，包括花粉（精子细胞）从雄蕊到雌蕊（雌性器官）的传递；另一方面是受精，当花粉成熟并传递到子房时，两个配子或生殖细胞就会结合。受精后，胚珠发育形成种子，花的某些结构（如雄蕊和花瓣）逐渐消失。子房转化为包裹着种子的果实，当这些种子被释放时，它们落到地上并开始发芽。

花粉

“花粉”一词来自拉丁文*pollen*，意思是“非常细的粉末”或“细粉”。

花粉与产生它的物种一样，种类繁多，其微小颗粒以微米为单位，我们之所以能用肉眼看到，是因为它们经常成团地出现。花粉有各种大小、形状、质地和颜色（黄、橙、红、紫、黑、蓝）。

新加坡南洋理工大学的一个科学家小组找到了一种方法，可以将花粉（植物王国中最有抵抗力的成分之一，因为它几乎坚不可摧）转化为一种柔软而有弹性的物质，可以作为设计新型环保材料的基础。研究人员已将花粉转化为可能适用于制造伤口敷料、假体或可植入电子芯片的微凝胶颗粒，因为它们在接触身体组织时不会引起任何免疫、过敏或毒性反应。

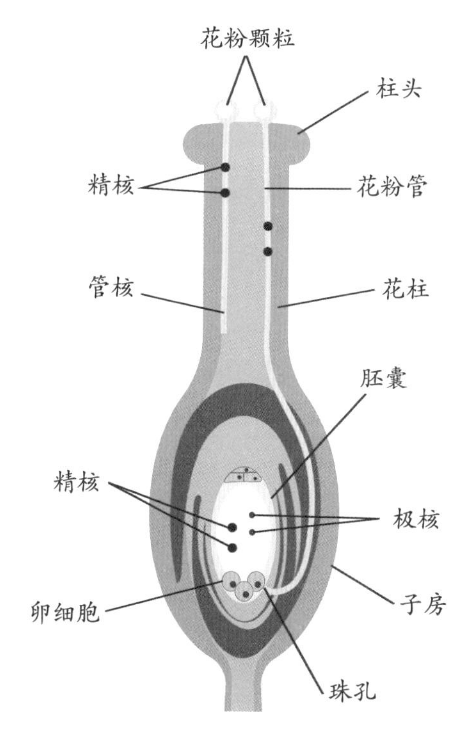

图为花朵结构。

授粉史

在地球历史上，开花植物的出现相对较晚。据估计，苔藓植物出现在35亿年前，但直到大约4.5亿年前，才出现第一种能够通过其茎部进行光合作用的植物，即现已灭绝的库克逊蕨（*Cooksonia*），它既没有叶子也没有花。随后是针叶树（三亿年前），然后是银杏和蕨类植物。

早期的传粉者

迄今为止，关于昆虫采集花粉的最古老证据是在西班牙北部（特别是在阿拉瓦）发现的。这些是一亿多年前被困在一滴树脂中的几种蓟马（昆虫纲缨翅目的统称）。其中雌性的身体上覆盖着裸子植物，特别是银杏的花粉粒。研究人员注意到，这些雌性的身体上长有类似于蜜蜂的羽毛状毛发，以方便收集和运输花粉，而雄性蜜蜂则没有这种毛发。

图为几种不同的古生物样本，不同的昆虫被困在琥珀中。

在漫长的进化道路上，开花植物和传粉者成了一对不可分割的合作者。

艳丽的开花植物，即被子植物，在1.5亿年前出现，木兰花和无花果树是有花有果植物的先驱和代表。这些被子植物，由于其巨大的进化可塑性和适应性，迅速传播到世界的各个角落，为以前的绿色景观点缀色彩，并逐渐取代其他植物，直到它们成为地球上的主导群体。

花的出现以及随之而来的传粉者的出现，是对以完全依靠水和风来移动花粉为代表的巨大能量投入的进化，这是一个相当随机的过程。花为动物提供食物（花蜜），作为回报，动物将花粉从一株植物转移到另一株植物，以一种更具体的方式使它们受精。随着时间的推移，这种对应关系变得越来越复杂，今天，某些传粉者和植物保持着一种相互需要的关系，这些植物是传粉者的唯一食物来源，传粉者也是植物的唯一繁殖手段。在授粉这一革命性的“发明”之后的数百万年里，植物加强了与传粉者的联系，产生了气味和颜色，以及我们人类无法感知的其他信号；许多动物也经历了适应和改变，使之几乎完全以花为生。然而，蜜蜂无疑是最专业也是最依赖于鲜花及其产品的生物。据信，它们与其他昆虫一起，通过促进果实和种子的传播而在开花植物的多样化方面发挥了作用。

苏铁属植物

在被子植物兴起之前，另一类种子植物苏铁是最早由昆虫授粉的植物之一。这要归功于9900万年前，被困在琥珀中的一只甲虫。该化石是由一群科学家在缅甸发现的，他们的研究报告发表在期刊《当代生物学》上。这只甲虫与苏铁的一些花粉粒一起被保存下来，据专家称，它的腿和颚显示出运输花粉的适应性。这种甲虫被命名为喜苏铁白垩似扁甲（*Cretoparacucujus cycadophilus*），分析表明，它与今天澳大利亚似扁甲属（*Paracucujus*）构成姐妹群的关系，后者为西部澳洲铁（*Macrozamia riedlei*）授粉。

图为一群蜜蜂在一些花的花粉中。

图为苏铁植物的叶和花。

授粉的类型

大多数植物可以进行无性繁殖，通过叶子、茎或根的片段产生自身的克隆，从而产生新的植株。然而，通过不同个体之间的授粉进行的有性繁殖对健康的种群和物种的进化至关重要。

蜜蜂栖息在粉红色的蓟草上。这种昆虫负责80%以上的授粉工作。

有些植物能够进行自我授粉（直接授粉）。在这种情况下，花粉粒自己从雄蕊到达同一朵花的柱头，如豌豆、杧果或枣。这一过程的优点是，它们在产生吸引传粉者的元素（颜色、气味、图案）上花费的精力较少，因为它们不需要这些物质。它们浪费的花粉也较少，甚至在没有其他同类植物的情况下也能传播，这就是其中一些植物会成为入侵植物的原因。但这种繁殖形式降低了适应环境变化的能力，并因不产生新物种而降低了遗传多样性，也降低了其后代的活力和抗病能力。

异花授粉（花粉粒被转移到不同植物的花朵上）则更为常见，但这需要外部媒介的帮助，以确保花粉被传播到同一物种的其他植物的花朵上。这个过程有以下几个优点：后代更加强壮、更有韧性，而且具有更大的遗传多样性、选择和适应性。付出的代价是更多的花粉浪费和对这些媒介的完全依赖。当雄性和雌性器官不属于同一物种，或者当它们出现在不同的生长时期时，这种类型的授粉是必要的。

非生物因素

花粉可由多种传播媒介携带：

- 非生物媒介（非生物性）传粉。许多物种以风作为授粉的媒介，如荨麻、橡树、桦树、桤木、山毛榉和大多数针叶树或草。这些植物产生大量的花粉，其颗粒通常小而干燥，易于通过空气传播，它们通常有长雄蕊和雌蕊。此外，它们通常在开放、多风的地区成群出现。花朵通常颜色暗淡，没有香味，有时没有花瓣。就草而言，开花的茎通常又细又长，所以即使在微风中也能移动。风力授粉（风媒）的效率不高，因为植物会产生数以百万计的花粉粒，其中绝大部分都会丢失。
- 水力传粉的频率较低，而且非常随机。花粉粒大量释放，并在水面上被动地运输。在某些情况下，雨滴会飞溅并将花粉粒带到物种本身的柱头上。在其他情况下，花中的花粉可能漂浮到雌性器官，或通过水流或潮汐到达柱头。花朵很小，呈绿色，花粉很黏稠。

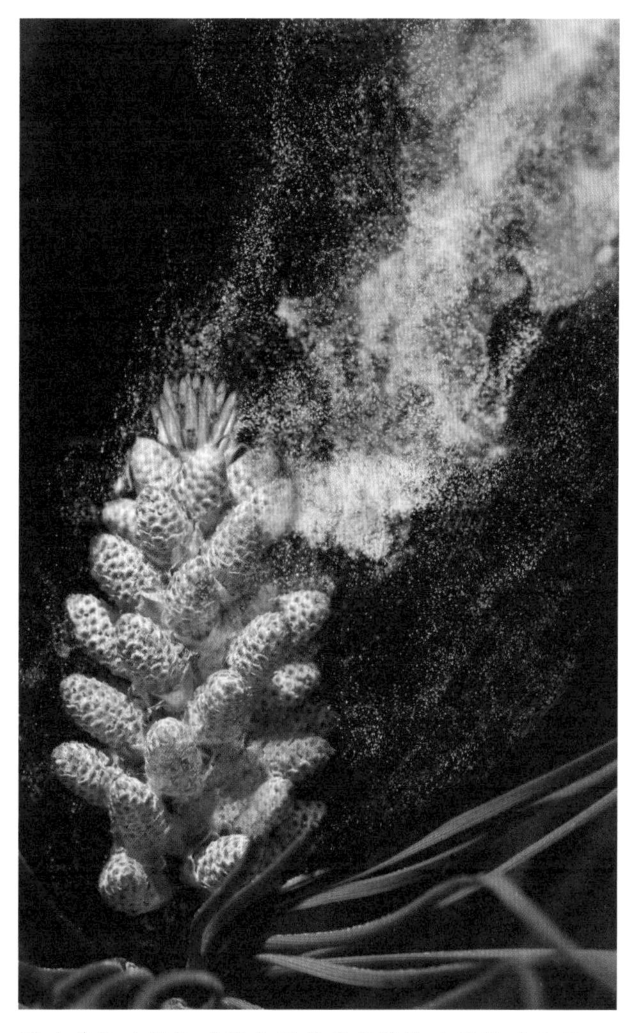

图为花粉从雄松球果上脱落形成花粉云的壮观画面。

图为亚洲百合花的雄蕊特写，花粉就在雄蕊上。

有些花有连萼瘦果（cypselae），可以通过风力繁殖或附着在动物皮毛上。

其他授粉动物是蝴蝶和蜂鸟。两者都以花蜜为食，当它们伸出吸管或喙时，花粉就会粘在上面，在它们寻找食物的飞行中使另一朵花受精。昆虫和鸟儿都被五颜六色的花朵所吸引，植物利用这一点来帮助自己繁殖后代。

生物因素

据估计，几乎88%的被子植物都在某种程度上依赖动物授粉。它的花朵以艳丽的色彩和浓郁的香气为特征。通常，传粉者在采食花蜜时，花粉粒会粘在它们身上，当动物访问另一朵花时，可能会不小心落在柱头上。每种植物都有自己的香气，传粉者会察觉并被吸引过来。有些花还具有特殊结构，因此只能由特定的物种来授粉。

昆虫是数量最多和最知名的传粉者，这种传粉方式称为虫媒授粉，其中蜜蜂是最有效和最专业

为了避免近亲繁殖，有些植物含有负责防止自花授粉的毒素，它们拒绝植物自身产生的花粉，从而阻止发芽。

的。然而，其他动物也在植物繁殖中发挥着重要作用，如鸟类（鸟类授粉）、爬行动物（爬行动物授粉），甚至哺乳动物（哺乳动物授粉），我们将在下文中介绍。

- 最小的传粉者之一是颚榕小蜂（*Blastophaga psenes*），其体长约15毫米。
- 一些深色的花朵有一种难闻的气味，类似于腐烂的肉……但这并不是巧合，它们发出这种气味是为了吸引苍蝇。
- 由昆虫授粉的花朵会释放出更多种类和更多构成其香气的化学物质。有些花朵（如百里香或鼠尾草）还可以自己受精，而它们恰恰是香味最浓郁、最多样化的。这进一步凸显了虫媒授粉的重要作用，这些植物更喜欢由昆虫负责繁殖，因为这样它们就可以与其他花朵交换花粉，以保持其遗传变异性和确保物种的生存。

昆虫授粉

尽管大多数植物已经形成避免自花授粉的机制，但也有例外。西班牙格拉纳达大学领导了一项研究，其研究人员在世界上首次描述了一种积极促进某些植物物种自花授粉的新机制，他们称之为“花粉滑动授粉”。这包括花药（花粉载体）在花的雌性器官（柱头）上进行数小时协调和重复的运动，以转移花粉粒，实现类似于异花授粉的繁殖成功。

- 美国弗吉尼亚大学的研究人员发现，有时可能无法有效地为某些植物授粉，因为它们吸取的花粉（供自己和后代食用）比它们在花朵柱头上传播的花粉还要多。

花和传粉者的关系

授粉是合作共赢的一个很好的例子，因为植物和传粉者已经共同进化数百万年，这可能是自然界中可以观察到的最明显的互惠互利的例子（不同物种的个体之间的相互作用，在这种作用下，双方都能受益并提高其生物适应性）。

传粉者通常获得食物（花粉和花蜜）或其他类型的奖励，例如树脂、巢穴防水的油脂、花的组织、随后在求偶时使用的香水，或仅仅作为交配和/或为自己（雨天或夜间）或其后代提供庇护的场所；作为回报，它们使这些植物得以繁殖。有的传粉者只以一种花为食（单食性），有的则以多种花为食（多食性）。

这些关系被认为有利于开花植物和昆虫的巨大多样性，因为动物传粉的植物物种比风媒传粉的植物更具多样化。

因此，植物和昆虫携手并进，为彼此提供了机会。花的进化使得传粉者尽可能地发现花具有吸引力，并使用各种信号：视觉、化学和电信号。当一只蜜蜂在飞行时，它首先注意到的是花冠的颜色、形状和大小，但一旦它靠近，一旦它走近，对某一朵花或另一朵花的选择就取决于各种信号的组合。

带陷阱的植物

有些兰花不生产花蜜，因为这需要植物投入大量的能量。因此，为了诱使昆虫运输其花粉，它们开发了欺骗性机制，如散发模仿发情雌蜂释放的信息素的物质（吸引雄性昆虫进行伪交配作为奖励），提供它们的花腔作为庇护所或物理上模仿有花蜜的花朵。

所有种类的蜜蜂都是传粉者，对维持生态系统的平衡起着决定性作用。

不同类型的授粉昆虫根据花朵的颜色、形状或大小选择植物。

不仅飞虫传播花蜜，许多蚂蚁也通过运输植物的种子进行授粉。

蚊子并不总是以血为食；雄蚊从花中吸取花蜜，也充当传粉者。

昆虫的眼睛通常旨在更好地看到移动的物体，从而在飞行中更好地发现它们。薰衣草（*Lavandula*）或鼠尾草等一些植物就利用了这一点，在细长的茎上开出小花，即使在微风中也会摇曳。

此外，几乎所有的传粉者都能感知紫外线，许多植物的花冠上都有一些斑点，像靶子一样指向花的中心，将它们引向蜜腺。这些图案被称为“花蜜导引器”，尽管有些是肉眼可见的，但大多数只能在紫外线下看到。

至于颜色，膜翅目昆虫似乎更喜欢黄色、紫色和蓝色色调；双翅目昆虫（苍蝇）喜欢紫色或绿色色调；白天活动的鳞翅目昆虫（蝴蝶）主要被大的，带有红色、粉红色或淡紫色的花朵吸引，而鞘翅目昆虫则喜欢白色的花朵。

诱惑游戏

颜色和气味，用来吸引传粉者。

来自以色列特拉维夫大学的另一项研究表明，植物可能能够感知声音。

该研究小组对海边月见草（*Oenothera drummondii*）进行了调查，发现在检测到传粉者的翅膀振动后的几分钟内，这些植物会暂时增加其花蜜中的糖分浓度。

科学家们认为，向传粉者提供更甜的花蜜可以吸引更多的昆虫，或许会增加植物繁殖的机会，植物可能会发出提醒对方注意食草动物捕食的声音，或者可能会产生吸引动物参与传播种子的声音。

花朵香气的改变是昆虫对植物授粉水平降低的原因之一。

根据西班牙生态研究和林业应用中心与巴塞罗那自治大学合作进行的一项新研究，花的香味也与生活在其中的微生物有关，如细菌和真菌。在一项实验中，将各种抗生素喷洒在接骨木花（*Sambucus*）上，研究发现，这并没有给它们带来任何伤害或压力，却大大减少了它们的气味。

改变花朵香气的杀真菌剂对授粉是一种危害，因此应避免使用。

植物和昆虫通过气味进行化学交流。

所有的植物组织都会产生气味；有些是授粉的关键，有些则是用来防御，如集中在叶片中的挥发性化合物，有助于驱赶食草动物。

为什么传粉者选择某些花而非其他花？

一旦传粉者在视觉上定位了一组花朵，它们就会依靠其他线索，如气味，来选择某一朵。挥发性有机化合物赋予花朵香气，是香水工业的原料。有时，不同的物种具有相同的化学成分，然而，每一种的浓度和组合却不相同，因此构成了独特的“香气代码”，吸引着某些传粉者。

有些花有腥臭味和较深的色调，以吸引食腐的双翅目动物，而另一些花在授粉时，会改变颜色或产生令人厌恶的气味。

在夜间开放的花朵，为了吸引飞蛾的注意，散发出甜美、穿透力强的气味，从而吸引远处的鳞翅目动物。这方面的一个例子是曼陀罗（*Datura stramonium*），它的香味能被大约十千米距离内的某些飞蛾感知。

此外，最近还发现，花朵会发出电信号，向其传粉者传递信息。一般来说，植物带有负电荷，而昆虫则由于飞行时受到风的摩擦而带上正电荷。这使它们能够创建一个复杂的通信渠道，这些花可以通过该渠道告知其传粉者它们是否曾经被访问过，以及花蜜和花粉储备的状态。

- 光污染对哺乳动物、两栖动物、爬行动物、鱼类和蝙蝠的死亡率和繁殖能力的影响是众所周知的，因为它改变了它们的自然周期。现在已经发现光污染对夜行昆虫的损害。瑞士伯尔尼大学的研究者发现，与那些远离光源的花朵相比，人工照明的花朵接待的昆虫访客减少了三分之二，其果实和种子产量也随之减少。
- 植物与授粉者的关系并不总是互利共生的，因为有些动物由于花的结构或大小，无法通过花冠获得花蜜，为了到达花冠，它们不得不在基部咬出小孔，从那里提取甜味液体。这种策略被称为“偷花蜜”行为，通常无法对授粉过程提供帮助，因为昆虫不会接触到花药或柱头。

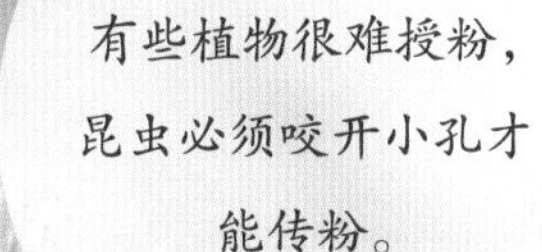

转地养蜂

游牧业是指靠放牧牲畜为生的一种流动性自给性农业，其目的是适应生产力变化的地区。因此，转地养蜂包括将蜂箱移到蜜蜂更容易获得花蜜和花粉的地方。换句话说，当某个地方的花粉和花蜜季节结束后，养蜂人就把蜂箱移到另一个因气候（纬度或海拔高度）原因而春天到来较晚的地方，旨在能够享受更长的收集期。这种技术只在集中饲养蜜蜂的情况下使用。

养蜂人决定转移其蜂箱，以获得更高的产量。

如果开花的时间相隔太久，蜂王的产卵速度就会减慢，这会导致蜂群的数量减少，从而影响到蜂蜜的产量，养蜂人的收益也会因此受到损失。

在过去，这种运输是用驮畜进行的，驮畜身上系有马鞍袋，用来装有蜜蜂的箱子。目前使用的是卡车，一般装有带吊钩的起重机，蜂箱被放在笼子里。必须考虑到，蜜蜂只能在夜间移动，此时它们都在巢内。然后，将蜂巢的入口门和任何蜜蜂可能逃逸的出口覆盖起来，并将其装入车内。一旦他们到达新的地点，入口就会被打开，这样蜜蜂就可以享用花粉了。

加州杏仁树

美国的加利福尼亚州是世界上杏仁产量最大的地区，产值达110亿美元，年销售额达100万吨。为了给占地超过30万公顷土地的杏仁树林授粉，需要超过150万个蜜蜂蜂群，因此这种作物需要大规模的转地养蜂。蜂箱是从美国各地租来的；在出于健康原因被禁止之前，甚至从澳大利亚用飞机进口。

每年1月，蜜蜂比其正常周期更早地投入行动。它们被喂食花粉和花蜜的替代品，以便能够迅速重新充满蜂巢，为杏仁授粉做好准备。然后，它们被装上卡车，运往全美各地，被置于一块空地上，在等待树木开花的同时，对其喂食更多的替代品。通常，在杏仁开花季节结束后，蜜蜂会被带到鳄梨种植园，在夏天则被带到向日葵田。这意味着一年中有四次或五次旅行，在此期间，它们可能在卡车上行驶约2.5万千米，巨大的声音和振动会给它们带来压力；此外，大量的近亲繁殖会影响它们的免疫系统。所有这些都对它们的健康和寿命产生影响；蜂王在良好的条件下可以存活五年，但几乎每个季节都要更新。根据一项研究显示，在2018 ~ 2019年的冬季，美国有500亿只蜜蜂死亡，这意味着超过三分之一的蜂群死亡。除了压力和近亲繁殖外，蜜蜂还被限制在单一品种中觅食（理想的情况是品种具有多样化），接触杀虫剂，并感染致命的瓦螨，这种螨于1987年出现在美国，并在六年内蔓延到全美各地。因此，密集型养蜂业是为人类食品服务的。

必须适度应用跨区养殖，以免对蜜蜂造成伤害。

熊蜂在温室中授粉

在温室和“塑料海洋”中，由于昆虫不能自由进入，自然授粉无法实现；或者对于早熟作物（因为人类希望全年都能吃到新鲜的产品），传统上，花粉从一朵花转移到另一朵花，在某些情况下，通过应用激素来刺激结果。然而，这两个过程都很费力，而且效果较差。

熊蜂可以在任何季节为温室植物授粉，并且效果显著。

1987年，人们发现了熊蜂完成这些任务的潜力，并在三年内推广为全世界的普遍做法。与蜜蜂不同，它们的“表亲”在季节之初就很活跃，可以耐受五摄氏度以上的温度（它们更喜欢寒冷而不是酷热的环境），即使在阴天和阴冷的日子里也能工作；它们的体形更大，因此可以在身上收集更多的花粉，每分钟可以接触20 ~ 30朵花。

这就是它们被培育出来用于商业目的的原因。欧洲熊蜂，即*Bombus terrestris*，是欧洲市场上最广泛使用的品种，而在美国，使用的是产于该国的东部和西部的美洲东部熊蜂（*Bombus impatiens*）和西方熊蜂（*Bombus occidentalis*）。这些昆虫是按蜂巢购买的，每个蜂巢包含一个受精的蜂王，50～60个工蜂，以及一个带有卵、幼虫和蛹的蜂房，而这又将提供更多的成虫。

由于温室中存在这些有益的小昆虫，因此需要合理使用杀虫剂，因为这些产品会对它们产生直接或间接的影响。应在适当的时间和以正确的剂量进行化学处理，还应查阅杀虫剂可能产生的副作用。

这种授粉方式的另一个问题是引进非本地熊蜂的生态影响。尽管对这一问题的研究还不充分，但许多逃离温室的熊蜂通过扩张和与野生传粉者竞争花卉资源或筑巢地，此外还有可能将病原体传播给野生熊蜂或与之杂交。

- 来自Doñana-CSIC生物站和阿尔梅里亚大学的研究人员证实，商业昆虫向自然区移动，增加了它们的活动区域，并与本地昆虫分享栖息地和资源。在温室较多的地方，商业昆虫较多，而本地昆虫的数量减少了。

通过蜂鸣或超声授粉

某些类型的野生和栽培植物（番茄、茄子、蓝莓、马铃薯或奇异果）需要通过一种称为“蜂鸣授粉”的技术进行授粉才能繁殖。在这些花中，花药中的花粉通过顶端的一个小开口排出，因此很难被获取。出于这个原因，几种蜜蜂（例如隧蜂科的蜜蜂），尤其是熊蜂（蜜蜂科），已经开发出一种采集这种花的策略：它们降落在花朵上，将腹部蜷曲在花药周围，用下颚固定住身体，快速收缩胸部肌肉。这些振动通过头部、颚部和腹部传递到花药，使花粉粒黏附在它们身上，一些花粉会被收集起来喂养幼虫，另外一些会留在它的身体上，并被输送到另一朵花的柱头上。蜂鸣声的持续时间、振幅和频率取决于蜜蜂的种类、花朵的大小以及这朵花之前是否被访问过。

有些花需要经过昆虫的特殊处理才能授粉。

其他授粉昆虫

尽管蜜蜂授粉是花朵最主要的授粉方式，但还有其他昆虫在很大程度上对花朵的繁殖作出了巨大贡献。

植物的丰富性得益于传粉者的贡献。传粉者的多样性反过来又有利于提高这种丰富性。

虫媒授粉（通过昆虫授粉）

昆虫是一类古老的生物群体，也是传粉的主要群体。虽然蜜蜂授粉是专业且有效的，但也有许多其他昆虫可实现这一功能。访问某种特定花朵的物种数量越多，植物成功繁殖的机会就越大。

蜜蜂是杏属植物的主要授粉者，特别是杏仁树。

膜翅目

有超过15万种的膜翅目昆虫分布在整个地球上。蜜蜂、黄蜂和蚂蚁都属于这个目的物种。此外，其余花卉产品仅限于昆虫的成虫食用。

虽然它们的工作不如蜜蜂那么广为人知，但有些黄蜂的工作非常有效。许多种类以花蜜或花粉为食，少数以花瓣和花蕊为食，有些甚至咬住茎和嫩枝来吸食汁液。

双翅目

像胡蜂一样，许多双翅目物种（如苍蝇）的成虫以花蜜和花粉为食，许多双翅目物种拥有厚厚的刚毛或类似其他物种一样，身体各处覆盖着浓密的毛发，便于携带花粉。它们是仅次于膜翅目动物的第二大访花物种，在温度低的时候比蜜蜂访花更多。该目有超过十万个物种，包括食蚜蝇科（Syrphidae），又称“花蝇”，其次是蜂虻科（Bombyliidae）和寄蝇科（Tachinidae）。

它们喜欢的花通常较小，呈紫色、紫罗兰色、蓝色、白色、黄色或绿色，通常有轻微的香味或无味，但有些花，如某些兰花，会散发出腐烂或腐臭味（以吸引腐食性和粪食性昆虫）。

苍蝇传播附着在其腿和身体上的花粉。

我们还经常看到一些蚂蚁，如黑毛蚁（*Lasius niger*），经常进行“花粉浴”。然而，它们对植物的繁殖并不起作用，因为花粉并不黏附在它们的身上，而且这些昆虫产生的抗菌化合物会抑制发芽。

无花果蜂

值得特别一提的是无花果蜂（榕小蜂科）。无花果树的花朵隐藏在无花果内部，因为它们与授粉者建立了极为密切的互利关系，以至于它们不需要被看到或提供奖励。无花果属的每个物种都有自己的授粉蜂，没有对方，它们就无法生存。雌蜂穿透未成熟的无花果，在里面产卵。一旦孵化，幼虫则以无花果肉为食，当它们达到性成熟时，就会进行繁殖。然后，雄蜂在死亡前会在果实上开一个口，以便受精的雌蜂从此离开前往另一个无花果上，在那里重复这个过程。

图为无花果和无花果蜂之间的互利关系。

蚂蚁对授粉几乎起不到任何作用。

鳞翅目

该目包括昼伏夜出的蝴蝶（蛾）类，其中许多种类是食蜜的，尽管有些甚至不以花为食，而是食用果汁，或者成年后干脆不进食，因为它们没有口器。从授粉的角度来看，最重要的集中在天蛾科、夜蛾科和尺蠖科，以及日蝶科和凤蝶科。食蜜的鳞翅目昆虫在世界各地都有分布，在热带地区高度多样性。蝴蝶似乎比蜜蜂访花的频率更低，而且每次访花时携带的花粉也更少，但一些研究表明，与其他昆虫相比，它们将花粉运输到更远的距离，这可能对植物的遗传有利。

帝王斑蝶在采食花蜜。

日行蝴蝶会聚集在大型、艳丽的花朵或小型、簇生的花序，这些花朵的花蜜通常多于花粉；蜜腺通常被保护起来，所以蝴蝶只能将口器进入长长的穗状花序获取花蜜，而其他昆虫则无法进入。它们更喜欢粉红色或淡紫色，但也给白色和黄色的花授粉。

夜行蝴蝶访问在黑暗中开放的花朵，这类花朵的特点是具有白色或粉红色的管状花冠，有强烈的香味和大量的花蜜。夜行蝴蝶的行为与蜂鸟相似：它们在目标周围盘旋，快速拍打翅膀，并张开气管吸食甜美的汁液。花粉会不由自主地黏附在它们身体的各个部位。

鞘翅目

甲虫（鞘翅目）是一个非常古老的传粉群体，其化石记录可以追溯到大约一亿年前，即第一批被子植物出现之前。约有37.5万个物种（约占所有已知动物的四分之一），在世界上大多数栖息地均有分布。

它们的食物非常多样：植食性（至少在其生命周期的一个阶段）、肉食性、腐食性或粪食性。甲虫和苍蝇一样，在访花时是多面手，并像蚂蚁一样，倾向于偶然授粉。有些甲虫会变得有破坏性，因为它们用强壮的下颚咀嚼花粉，但也咀嚼花药、花瓣和花卉的其他部分。

它们喜欢香味浓郁、大而健壮，或小而密集的花序。这些花有大量的花粉且易于获取，其中许多种类具有果香或难闻的气味（如腐烂的有机物）。它们为一些非常原始的植物类型授粉，如蔷薇科、大戟科、牡丹科、罂粟科和毛茛科。

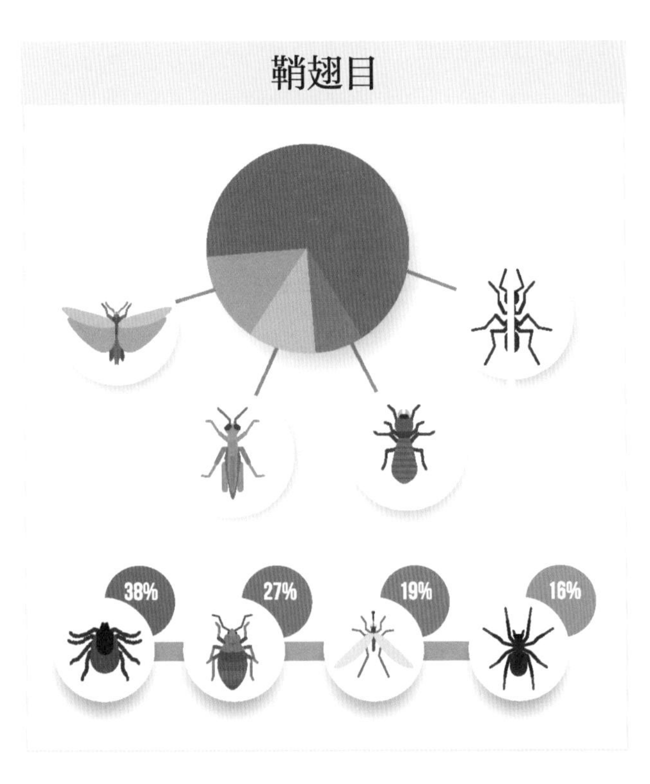

其他授粉动物

虽然在温带气候下昆虫的数量确实很多，但它们并不是参与授粉过程的唯一动物。在世界的不同地区，鸟类、爬行动物和哺乳动物在运输花粉方面非常有效。

绿顶辉蜂鸟（*Heliodoxa jacula*）以一朵花为食。

据科学家推测，最早的授粉动物可能是鸟类，尽管它们的贡献是决定性的，却绝不是唯一的传粉脊椎动物。例如，蝙蝠、蜥蜴和啮齿动物也同样为授粉作出了贡献。

鸟类

鸟类被花的形状和颜色所吸引，但不被花的香味所吸引。有些鸟几乎只吃花蜜，而对另一些鸟来说，花蜜是它们食物的补充。一般而言，这些授粉的物种都很小，体重不到20克，它们的行为对花的数量产生影响。

蜂鸟，原产于美洲，是著名的食蜜动物。它们通常在飞行中进食。它们食用溶于花蜜的花粉，将甜美的液体与其他来源的蛋白质（如昆虫）结合在一起。其授粉的花朵的蜜腺在花冠深处，当它们试图到达这些蜜腺时，就会用头去碰触花药，这样花粉就会粘在它们的喙和羽毛上。

为了获取花蜜，它们有长而直或弯曲的喙，还有长长的舌头。蜂鸟倾向于造访树木、灌木和其他林下植物，每天可以给500 ~ 3000朵花授粉。

利氏壁蜥

借助爬行动物进行授粉的一个例子是利氏壁蜥（Podarcis lilfordi），它是西班牙马略卡岛和梅诺卡岛的特有物种，如今已从这两个岛屿上消失，仅在其周围的小岛上被发现。它们惯常的食物包括食用伞形科植物，如胡萝卜（*Daucus sp.*）、乳香黄连木（*Pistacia lentiscus*）和迷迭香（*Rosmarinus officinalis*）的花粉和花朵。还观察到它们食用花葵（*Lavatera arborea*）、木本大戟（*Euphorbia dendroides*）和海崖芹（*Crithmum maritimum*）的花蜜。当它们进入花朵时，花粉附着在爬行动物的身体上，并从一株植物输送到另一株植物。在蜥蜴丰富的地方，它们访问花朵的频率比昆虫高三倍。

蜥蜴舔食花朵中的花蜜。

还有许多以花蜜为食的鸟类：蜜鸟科成员，分布在非洲、澳大利亚和亚洲热带地区小型热带长喙鸟类，美洲和非洲的鹦鹉科成员，以及大洋洲典型的吸蜜鸟或“食蜜鸟”。它们都被管状或细长形、橙色、红色或紫色的花朵所吸引，这些花朵不反射紫外线，花蜜产量高，糖分浓度低。

这种授粉方式在欧洲要少见得多，尽管一些鸟类，如莺鸟、斑鸠和山雀等，它们并不专门从事授粉，但偶尔也会利用这种能量资源，同时有效地收集和传递花粉。

爬虫类

爬行动物大多被认为是食肉动物。然而，人们对蛇形动物在授粉过程的贡献及其在生态系统中的重要性知之甚少，某些物种确实可以成为某些植物繁殖的必要条件，并以成功的方式参与授粉和种子传播过程。

这种授粉方式在岛屿生态系统中尤其明显，因为那里有相对较多的地方性物种，所以食虫和食种爬行动物可以通过食用花粉和花蜜来弥补食物的不足。

哺乳动物

蝙蝠

蝙蝠主要以昆虫为食，特别是在温带和寒冷的气候条件下，但在热带和赤道地区，许多小蝙蝠用水果、花蜜和花粉作为它们的食物的补充，这几乎是大蝙蝠所吃的唯一食物。后者具有高度发达的嗅觉，但它们的回声定位系统效率较低。不过，一些热带花卉会反射声音，因此，这些有翼哺乳动物可以很容易地找到它们。

这种授粉方式仅限于热带地区。蝙蝠授粉非常有效，它们可以远距离传播花粉。它们通常在飞行

从左到右，从上到下，
依次是蝙蝠、老鼠、考拉和叶猴，
这些动物的饮食习惯有助于
授粉。

中进食，但也能降落在一些坚硬、多肉花瓣上。食蜜动物的舌头末端是柔软的细丝，它们用这些细丝收集花蜜。在进食时，它们的胸部、头部、腹部和下体会沾染花粉。食果动物也经常吸食果汁并将种子吐到地上，从而促进新植被的诞生。据估计，世界上约有1240种不同的蝙蝠，其中近四分之一以花为食。

不会飞的哺乳动物

有袋动物、啮齿动物和灵长类动物在世界范围内至少访问85个植物物种。热带和亚热带地区的小型素食哺乳动物因摄食习惯而携带花粉。有些动物没有表现出任何适应作为传粉者的迹象，但有些动物则可作为传粉者，如澳大利亚蜜袋貂（*Tarsipes spencerae*），它有一个突出的鼻子，牙齿很少或缺失，舌头又长又窄，舌尖像刷子。这种啮齿类动物喜欢吃山龙眼科的狭长花朵的花蜜。

在澳大利亚和南非，树栖有袋动物和啮齿类动物传递一些物种的花粉。狐猴可能是马达加斯加最重要的传粉者，因为那里没有蝙蝠。这些灵长类动物用它们的长鼻接触花蜜，并以此传播花粉。

授粉蜗牛

尽管这方面的数据很少，但已发现蜗牛可以为原产于东亚的蜘蛛抱蛋属（*Aspidistra*）植物授粉；这种植物的花很小，十分不显眼，生长在地面上，蜗牛在缓慢的移动过程中将花粉从一朵花转移到另一朵花。

人工授粉

自然授粉者减少，人类不得不以人工方式进行传粉，以确保农作物健康生长。

像花丝一样，人类用小刷子将花粉从一朵花转移到另一朵花。

人工授粉

人工进行授粉，要么是迫于需要，因为缺乏自然授粉者，要么是试图避免改变特定植物的具体特征。在后一种情况下，人们用纸袋覆盖花朵，以防止风或动物将不需要的花粉从其他花朵带到要授粉的花朵上。在授粉过程中，须用刷子从雄蕊上收集花粉，然后转移到柱头上，这是一个极

每一朵花都需要一个专用的刷子，进行手动强制授粉。

其费力的过程。

由于农药的过度使用和自然栖息地的减少导致蜜蜂和其他昆虫死亡，有些地方的农民不得不求助于人工授粉方式来生产水果，例如苹果树和梨树。为了完成这项艰巨的任务，他们使用装有花粉的罐子和刷子，逐一浸渍花朵；对于树上的花朵，则由孩子们通过爬树进行协助。这项工作的开展是为了获取这些水果的生产所带来的经济价值。

牛油果的授粉

尽管牛油果开花很多，但只有不到1%最终变为果实，因此，西班牙马拉加的拉马约拉亚热带和地中海园艺研究所正在研究如何提高产量。其中一项研究包括测试人工授粉，虽然坐果率确实增加了3%或4%，但由于其复杂性和需要大量的人力，从商业层面上考虑，这种做法并不值得推广。出于这个原因，研究所决定在种植园中放置昆虫旅馆，刺激独居蜜蜂执行这项任务，因为蜜蜂不是牛油果最理想的授粉者。

牛油果植物上的一只蜜蜂，可能来自昆虫旅馆。

为什么中国的蜜蜂曾经比较稀少？

在朝鲜战争中，美国使用了细菌武器，将带有病毒的昆虫洒落在中国东北地区，威胁着中国人民的安全。为保障人民安全与健康，中国政府自1952年起在全国范围内发起了一场“爱国卫生运动”。

1958年2月12日，中共中央、国务院要求各地开展以除“四害”为中心的爱国卫生运动。“四害”包括蚊子、苍蝇、老鼠和麻雀。当时认为它们不利于农业生产和人民健康，所以试图消灭这些物种。后来，麻雀被“平反”，由臭虫代替。之后，由于生活条件变好，臭虫又被蟑螂取代。“四害”最终被定为苍蝇、蚊子、老鼠、蟑螂。

然而，当时自然界的平衡被打破了，由于麻雀被大量捕杀，导致昆虫肆无忌惮地繁殖，然后，为了杜绝它们，喷洒了大量含巨毒的杀虫剂，既杀死了有害的昆虫，也杀死了许多其他控制生物害虫的有益昆虫。其结果是蜜蜂和其他传粉者的大量消失。经过中国政府多年的不懈努力，生态得到了恢复，蜜蜂及其他有益昆虫的种群数量不断增长。

机器蜜蜂

由于多种因素共同导致蜜蜂数量减少，以及人工授粉在经济和物理上的不可行性，促使各个领域的科学家尝试通过技术来取代它们。随着世界人口的增加，人类对一些作物的需求不断增长，在过去的几年里，人类已经进行多项试验来制造机器蜜蜂，旨在实现对这些作物进行授粉。

技术可以提供帮助，但它永远无法取代传粉者的角色。最好的情况是，用技术作为传粉者工作的补充。

经过十多年的研究，美国哈佛大学于2013年开发了第一个机器蜜蜂，这是一个受蜜蜂启发而设计的微型飞行机器人，其创新之处包括在水中和空中移动的能力，以及黏附在光滑表面的能力。在此之后，荷兰代尔夫特大学的一个小组发布了Del-Fly，这是一个被优化的微型扑翼飞行器：每秒17次的拍打速度使它能够作出极其精确的动作。

随后，在2017年，波兰华沙科技大学创造出了第一个能够授粉的机器蜜蜂。这种机器蜜蜂可以找到雄花，从中收集花粉并将其转移到雌花上。共开发了两种类型的机器人，一种是飞行的，另一种是地面的，它们都配备了一个刷子，花粉首先会附着在刷子上，然后散布到花朵中。此外，通过计算机程序，可以选择想要授粉的特定花朵。测试是成功的，使用这个系统的植物获得了第一批种子。然而，作者声称，他们并不打算取代蜜蜂，而是要帮助它们完成工作。这些机器人还有其他作用，例如用于控制农作物的肥料、化肥或杀虫剂的剂量。

同一年，“Plan Bee”出现了，这是一种尺寸相对较大的机器人，由一个泡沫芯和一个塑料机身组成，使它尽可能地轻，再加上一对螺旋桨，它可以在空中停留。它的底部还有一系列的小孔，用来吸收花朵的花粉，这些花粉储存在机器人的机身里，然后再散布到其他植物上。

Dropcopter是一种大型无人机，可以在苹果、杏仁、樱桃和梨作物上方约三米处飞行，并在其顶部均匀地洒下一层花粉。在美国已经使用多年。生产该设备的公司声称，这种技术可使产量提高25%~60%。这项工作可以在夜间或低温下进行，因为此时蜜蜂不活跃。

跨国零售连锁企业沃尔玛也十分关注传粉者危机，并在2018年申请了Pollination Drone的专利，它将收集花粉的黏性部件与摄像头和传感器相结合。

但是，尽管有技术进步，许多科学家认为这并不是解决办法。据估计，取代地球上所有蜜蜂的成本每年约为360亿欧元，而这是大自然免费提供的服务。但最重要的是，我们必须牢记，这些昆虫不仅对粮食生产至关重要，还在野生植物的繁殖和增加生物多样性方面发挥着重要作用，这对我们的福祉至关重要。

这种电子昆虫模仿蜜蜂的活动，但通常不符合成本效益原则。

机器蜜蜂

为什么蜜蜂
如此重要？

概述

世界上近90%的野生植物和75%的主要农作物（不仅是食品，还有生物燃料、纤维、药物或牲畜饲料）都依赖于动物授粉，这是生态系统健康的一个关键因素。

蜜蜂的重要作用是通过作为传粉者的辛勤工作来维护生态系统。

在昆虫进行的授粉中，据估计，有80%～95%是由蜜蜂完成的，由于它们具有一系列独有的特征，因此被认为是普遍的传粉者。这些小动物为了完成这项任务，已经发展出显著的适应能力（如运输花粉的特殊器官），因为它们的食物完全依赖于花粉和花蜜；此外，它们的觅食习惯是高度专业化的，它们会接触大量的花朵。

西方蜜蜂数量最多。它们生活在由3万～8万只个体组成的蜂群中，其中三分之二是工蜂，它们在整个季节中每天外出，收集大量的花粉和花蜜以确保蜂巢的存续。它们出色的交流能力（著名的“蜂

图为蜂箱的运输。

蜜蜂用舞蹈形成的圆圈，表示到达食物来源的距离。左图是圆圈舞，表示附近有花；右图是“8”字舞，“说明”远处有花。

对人类来说，蜜蜂是作物生产的贡献者，是蜂蜜、蜂蜡或花粉等的生产者。

舞”）使它们能够互相告知食物来源的位置，表现出所谓的花卉忠诚度：当一个植物品种正在生产花粉或花蜜时（每种植物都需要一定的温度和湿度条件），觅食者暂时集中在同一品种的花朵上工作，从而增加成功转移花粉的概率。此外，正如我们所看到的，养蜂人可以将蜂箱从一个地方运到另一个地方，既为不同的作物授粉，也为其他地区的开花植物授粉。另外，不要忘记，它们还为我们提供有利于我们健康的各种蜂产品（蜂蜜、蜂蜡、蜂胶、蜂王浆或花粉）。

至于野生物种，相比之下则鲜为人知。显然，人们低估了它们的重要性，因为人们发现，它们在花朵上花费的时间比家养蜂要多，据计算，它们良好授粉的概率是72%，而对于熊蜂，则下降到35%，对于其他蜜蜂（如西方蜜蜂）则下降到34%。在幼虫阶段，独居蜜蜂必须收集大量花粉供幼蜂食用。为了给一个育雏室填充食物，它们需要访花约900次，因此它们比任何其他昆虫访花的次数都多。不同种类的蜜蜂，有不同的飞行季节、活动时期、行为和身体特征，例如体形和舌头长度决定了所拜访的花朵的类型，并可能导致高度专业化的关系。一些独居物种被认为对促进各种农作物繁衍是最有效的，包括黑加仑、覆盆子和樱桃。

独居蜜蜂多次造访花朵，每次造访都有助于授粉。

蜜蜂和生物多样性

每个生态系统都是由一个复杂且相互作用的密集网络组成的，在这个网络中，数以百万计的物种以不同的方式相互作用，或竞争，或相互喂养，或相互协作。

图为安装生态昆虫旅馆以帮助保护生物多样性。

为了保护环境，我们有必要保持这种微妙的平衡，虽然每个角色都有着非常重要的作用，但蜜蜂可以说是关键角色。

几乎90%的野生植物依赖动物授粉，主要依靠蜜蜂，正是这些植物构成了形成生态系统的栖息地的基础。一些植物的繁殖成功率下降会导致植物群落的重大变化，而这又会对相关的动物群落产生连带影响。也就是说，如果植物授粉失败，食物链也会被破坏，因为没有花粉和花蜜、果实和种子，许多动物就会消失；因为它们没有东西可吃，同样的情况也会发生在这些动物的捕食者身上；发生在以这些捕食者为食的动物身上；等等。最终，无数动植物物种无法挽回地消失了。

蜜蜂还调节植物之间的竞争关系。它们不仅有利于植物的繁殖，而且还影响不同植物物种的共存，防止最具竞争力的植物最终垄断一切。此外，纵观历史，它们在花卉多样化方面发挥了重要作用。如果蜜蜂偏爱同一物种中具有某种颜色或形状的花，它们就会更频繁地访问它们，而这恰恰促使这些花繁殖更多，从长远来看，这些特征将在种群中形成。也就是说，蜜蜂参与了自然选择。

生态系统

生态系统是一组复杂的关系，存在于不同的生物群落和它们生活的物理环境之间。其中既有生物的相互依赖关系，也有环境中发生的能量和物质的流动，这些过程被理解为一个结构化和有组织的整体。

此外，在农场地区，人们种植了以前存在的本地物种，以适应蜜蜂的喜好。

采石场和采矿区的一些生物多样性恢复项目包括安装蜂箱（最大限度地减少生产蜂群所承受的压力）。

这些项目的目的是恢复这些采石场的生态，有利于授粉和促进自然生物多样性，以及帮助恢复目前正在退化的蜂群。

生物多样性

美国埃默里大学对蜜蜂与其所处的生态系统的关系进行了为数不多的研究，发现生态系统中单一熊蜂物种的消失会产生快速影响，导致一些植物的种子产量大幅下降。研究人员表示，这一发现表明，全球传粉者的减少对开花植物和粮食作物的影响可能比以前想象的更大。

森林生态系统

蜜蜂在树种繁殖方面的作用不如它们在农业中的作用广为人知，但在维护森林生态系统方面特别重要。

图为杜罗河谷的一片杏树田沐浴在朦胧中。这片杏树田位于葡萄牙维塞乌区的圣若昂·达佩斯凯拉。

尽管在温带气候下，大多数野生树木（松树、橡树、圣栎等）的确是通过风的作用进行授粉，但其他较小的物种和灌木需要这些昆虫来传播花粉。

在热带森林中，蜜蜂的存在是不可或缺的，因为它们为生活在那里的大多数树木授粉，从而有助于这些树木的恢复和保护。我们不应忘记，这些森林通过吸收大气中的二氧化碳来帮助维持气候的稳定，尽管海洋中的浮游植物似乎是真正的地球之肺，但据估计，亚马孙河生态系统产生的氧气占地球氧气总量的20%以上。它们还通过蒸腾作用维持水循环，促进云层的聚集和随之而来的降水；它们为众多的动物物种提供食物和庇护所，树木的根部作为土壤的固定物，减少水土流失。

根据在巴西进行的一项研究，与其他昆虫相比，蜜蜂有助于在更远的距离上为树种授粉，有助于增加其遗传多样性，并刺激它们的繁殖和抵抗力，尤其是对于退化的生态系统。为了开展研究，研究人员在该国东南部选择了几个观察区：其中一处已被改造成甘蔗田，只保留了7%的小块原始植被。另外两个观察区的退化程度较低：一个是几十年前引进种类繁多的树林，以增加森林覆盖率和维持现有的水体；另一个包括有草本植被的湿地。在每一个地点，都设置了诱捕器，在开花季节的高峰期收集蜜蜂标本。然后，研究人员分析了膜翅目蜜蜂种群的丰度和多样性以及附着在它们身体上的花粉粒，以确定它们与哪些植物发生过相互作用。

因此，在两年的时间里，研究人员收集了访问过220种不同植物的85种蜜蜂，共有727只，并发现这些昆虫在高度干扰的环境中，如甘蔗田或被人类行为改变的湿地中数量较少，而在其他地方发现的蜜蜂种类和数量更多。他们还观察到，蜜蜂数量的增加如何在进行恢复项目种植时增加花粉的传播，从而帮助退化地区的森林再生。最终，科学家们得出结论，森林恢复项目有利于增加蜜蜂种群，同时刺激本地树种的繁殖和恢复力。

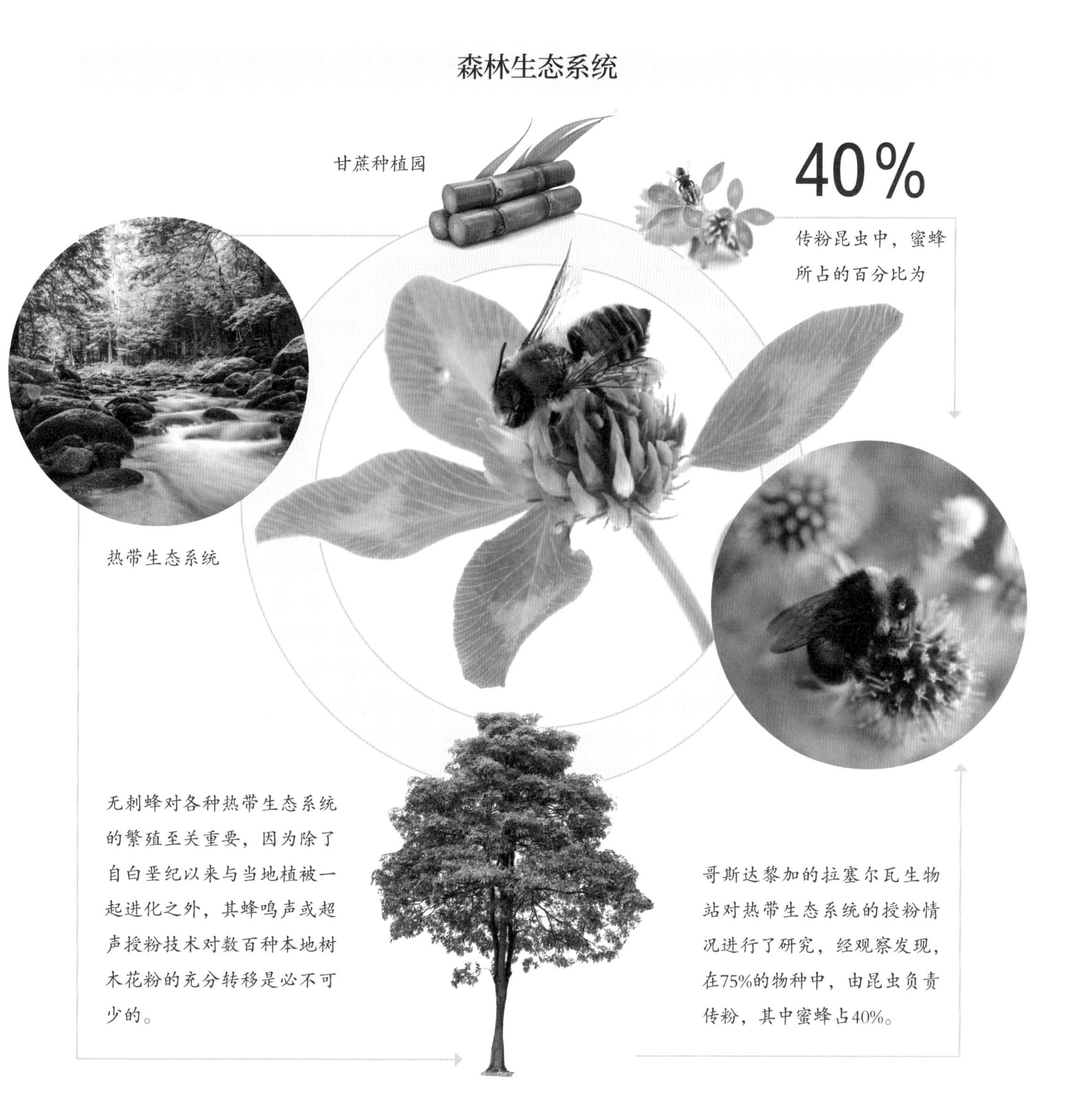

农业生态系统

每当我们喝咖啡或吃食物（如杏仁、巧克力、坚果或苹果等）时，我们应该感谢蜜蜂。

图为辣椒种植园。在这里，就像在几乎所有的农田里一样，蜜蜂的参与是必不可少的。

根据相关研究，人类四分之三的食物都依赖于授粉，因此我们的健康与这些膜翅目动物的健康密切相关。而且我们越来越依赖它们，因为在过去的50年里，需要这种动物协作的农业生产量增加了300%以上，而不依赖这种服务的农业生产量在同一时期只增加了一倍。在经济方面，根据生物多样性和生态系统服务政府间平台，授粉对全球农作物生产的贡献估计在2350亿～5770亿美元。

联合国粮食及农业组织（FAO，简称“联合国粮农组织”）指出，一个没有授粉者的世界将是一个没有食物多样性的世界，从长远来看，还将是一个没有粮食安全的世界：“没有蜜蜂，就不可能实现联合国粮农组织的首要目标：建设一个没有饥饿的世界”。在已经确定的近2万个蜜蜂物种中，约有3500个物种因对农业产量的重要性而脱颖而出。例如，众所周知，如果没有蜜蜂，水果和种子的产量可降低90%。

虽然不是所有人类种植的蔬菜都依赖授粉者，但它们使许多蔬菜的产量都有所提高。根据所讨论的物种，估计栽培植物的产量有8%～100%得益于蜜蜂授粉的贡献。可能因缺乏传粉媒介而受到影响的植物有：果树（如杏仁树、桃树、樱桃树、李子树、苹果树、梨树等）、豆科饲料植物（如苜蓿或三叶草）、瓜类（如甜瓜、黄瓜、南瓜、西葫芦或茄子等）、榨油植物（如油菜籽或向日葵）、纺织纤维（如亚麻和棉花）、园艺作物（如草莓、覆盆子、黑莓、西红柿等）、葡萄藤等。

通常，果实的大小和形状与种子的数量有关，而种子的数量又直接与花柱头上沉积的花粉粒的数量有关。但是，要使果实达到我们所习惯的大小、

像许多果树一样，柑橘的收成取决于蜜蜂的活动。

外观甚至味道，仅靠一两只蜜蜂到达几朵花是不够的；还需要许多这种动物的努力。植物和蜜蜂已经进化数千年，通常情况下，前者会在果实正确授粉后，即所有花朵都接收到足够剂量的花粉时，决定将资源投入果实中（例如，将水和糖转移到桃子上）。这样，就形成了大而均匀且对动物更有吸引力的果实，动物会吃掉它们并散播它们的种子。当我们看到水果或蔬菜在发育过程中出现畸形或变质时，通常是因为没有足够的传粉者访问它们，或者是因为传粉者只到达花朵的一侧，这可能意味着农民的收入减少。事实上影响是多方面的，因为似乎授粉良好的水果具有更好的营养质量，甚至味道更好。

近来，由于瓦螨等已遍布欧洲和美洲的螨虫导致蜜蜂数量急剧下降，因此野生蜜蜂的重要性也随之增加。此外，有几种作物，与一些独居蜜蜂相比，蜜蜂的授粉能力很差，例如，日本的角额壁蜂（*Osmia cornifrons*）或苜蓿切叶蜂（*Megachile rotundata*），后者主要在美国为紫花苜蓿授粉。

咖啡

直到几年前，人们还认为蜜蜂对咖啡生产的贡献微不足道。然而，一项新发现表明，这些昆虫使咖啡的产量增加了10%～20%，并提高了果实的质量。根据美国华盛顿史密森尼学会的统计，这些昆虫为巴拿马36%的农作物授粉，但它们的存在直接取决于咖啡园内或周围是否有乔木和灌木来提供庇护和食物。

图为蜜蜂正在为咖啡树的花授粉。

最好的草莓

德国哥廷根大学和维尔茨堡大学的一项研究表明，经过蜜蜂授粉的草莓品质最好、味道最鲜美、外观最诱人。

该研究表明，与自花授粉或风媒授粉相比，这种授粉方式提高了果实的质量、产量和这些食品的市场价值。

与其他草莓相比，经过蜜蜂授粉的草莓畸形更少，抗病能力更强，颜色更浓，糖酸比更好。

11% 专家表示，这是没有蜜蜂授粉的草莓生产的损失估值。

野草莓植物

每年的损失以美元计，相当于约

3亿美元

研究人员指出，这项研究的结果“应该适用于广泛的作物，并证明蜜蜂授粉是迄今为止被低估但对水果质量至关重要并在经济上起决定性作用的因素”。

这项研究是通过在一块不同种类的野蜂和蜜蜂共同生活的实验田里种植草莓丛进行的。

一些植物接受这些昆虫的传粉；另一些植物则不受蜜蜂的干预，但可接受风媒授粉，而最后一批与昆虫和风隔绝，只能受益于自花授粉。

经证实，第一批植物结出的果实最好：比风媒授粉的果实更红、更亮，质地更密实，畸形更少，保质期比风媒授粉的果实多12小时。

专家们计算出草莓的生产损失了11%，相当于欧盟草莓市场每年损失约2.7亿欧元。

蜜蜂授粉的农作物

蜜蜂参与了世界上75%的农作物的授粉，这些农作物的基本微量营养素，如维生素、抗氧化剂和矿物质的含量最为丰富：人类饮食中98%的维生素C、71%的维生素A、100%的某些类胡萝卜素和58%的钙都来自它们。例如，充分授粉的杏仁树会产生更多、形状更好、更大的果实，并含有更多的维生素E。

小胡瓜是最依赖蜜蜂传粉的产品之一。

各类农作物对蜜蜂家族有不同程度的依赖性。虫媒授粉（通过昆虫授粉）对某些农作物，如可可、香草、奇异果、西瓜、甜瓜、百香果、南瓜和西葫芦至关重要，因为如果没有蜜蜂，其产量可减少90%。其他食物，如杏仁、苹果、覆盆子、黑莓、桑葚、腰果、杧果、桃子、油桃、榅桲、枸杞子、豆蔻、杏、鳄梨、蔓越莓、蓝莓、黄瓜、小黄瓜、梨、李子、樱桃、咖啡、肉豆蔻或孜然，若无蜜蜂，其坐果率会减少40%～90%，因此它们对这种传粉媒介高度依赖。传粉者适度增加了豆类、蚕豆、栗子、椰子、茄子、大豆、无花果、草莓、杨梅和向日葵的产量，如果没有蜜蜂，其产量将减少10%～40%。

其他如洋葱、香葱、韭菜、卷心菜、抱子甘蓝、西蓝花、生菜、欧芹、萝卜、芹菜、朝鲜蓟（**菜蓟，编者注**）、球生菜和胡萝卜，虽然不需要昆虫帮忙也可繁殖，但昆虫确实使这些作物增产，萝卜和卷心菜可增产一倍，洋葱增产3.5倍。

至于牲畜饲料，蜜蜂在苜蓿、紫草、荞麦、甜三叶草、红三叶草、粉三叶草和白三叶草的繁殖中起着决定性作用。它们还参与一些经济作物的授粉，如亚麻和棉花，以及向日葵、红花、油菜籽和亚麻籽油的生产。

然而，并非我们所有的食物都需要授粉。谷

物，如水稻、小麦、玉米、燕麦、大麦、小米或黑麦，即使没有传粉者，它们也能生存，因为它们通过自花授粉、风媒授粉或孤雌生殖（无须授粉而产生果实和种子）繁殖。

香草

首次种植香草植物的是居住在今墨西哥韦拉克鲁斯的托托纳克人。根据一个当地传说，有一个美丽的公主叫夏娜特，她爱上了一个贫穷的男孩，因为她的父亲不接受这段恋情，她不得不与男孩秘密会面。有一天，幸福之神看到她并爱上了她，要求她嫁给另一位男孩。夏娜特的父亲受宠若惊，安排两人约会，但公主不愿意嫁给她心爱的男孩以外的人，这激怒了幸福之神，盛怒之下，他对少女施了一个咒语，把她变成了一种开白花的弱小植物，这种植物有一种精致的香气，它就是香草。

这种要求很高的花，只结一个果实，为雌雄同体，尽管为了防止自我受精，雄性和雌性器官被一层薄膜分开。几个世纪以来，人类一直试图在韦拉克鲁斯州以外的地区种植香草，但所有的尝试均以失败告终，因为这种花依赖于当地的蜜蜂授粉，而这种蜜蜂不能被引入其他地区。因此，墨西哥对香草的垄断保持了300年，香草因此成为继藏红花之后世界上昂贵的香料之一。

图为香草植物。

聪明的动物

科学家们一直为蜜蜂感到惊叹。尽管它们的大脑很小，但每一项对这些动物认知能力的新调查都揭示了它们非凡的智慧。

蜂房中的巢室呈六边形，已经暗示了空间智能。

蜜蜂在找到花蜜来源后返回蜂巢时表演的舞蹈，为奥地利动物学家卡尔·冯·弗里施赢得了1973年的诺贝尔奖，这一发现是这些动物能够使用符号语言发出精确位置信号的一个例子。从那时起，人们进行了不同的实验来证实它们惊人的智慧。由英国伦敦玛丽女王大学和澳大利亚悉尼麦考瑞大学进行的一项实验，测试了昆虫的想象能力。人类可以通过触摸在黑暗中找到物体，这要归功于我们大脑的复杂性，它使我们能够形成心理图像；据我们所知，灵长类动物、海豚、老鼠以及蜜蜂都具有这种能力。

这项研究包括训练熊蜂在黑暗中区分形状：分别含有甜味奖品和苦味奎宁的球体和立方体。昆虫们选择了有奖励的物体，并花了更多的时间去探索它。接下来，它们被留在一个明亮的房间里寻找它们的奖励，但这一次它们不能触摸或落在球体和立方体上（因为它们被玻璃覆盖，所以它们只能看到物体）。然而，它们又做对了，它们更喜欢通过触摸来学习的方式。也就是说，在它们的大脑中，它们将用腿摸到的物体的圆形信息进行交叉比对，并将此信息与关于球状外观的视觉信息联系起来。这证实了蜜蜂可以对它们的世界形成复杂的表征，因此作者声称，它们“似乎至少具有意识的一些主要特征：时间和空间的表征”。

“足球运动员”——熊蜂

在同一所大学进行的另一项实验表明，蜜蜂不仅能学习复杂的任务，还能观察和模仿他人，甚至

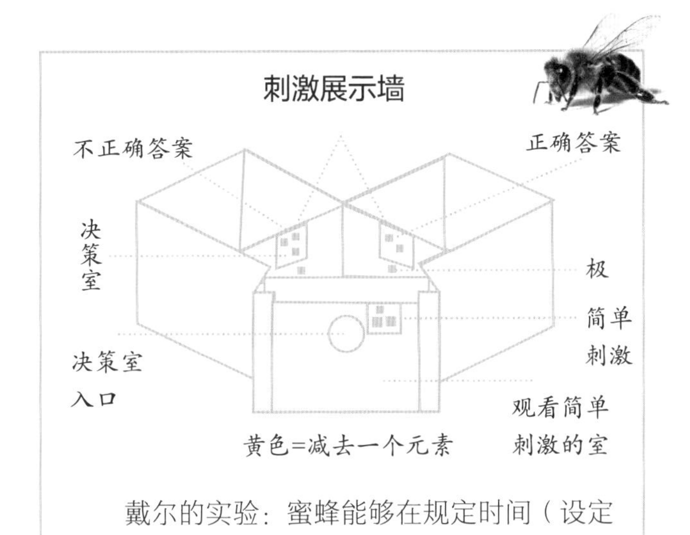

戴尔的实验：蜜蜂能够在规定时间（设定时间的72%）内通过加减法找到正确的路径。

进行创新。科学家们将几只熊蜂分成三组：第一组用一只塑料熊蜂向真正的熊蜂展示如何将一个球从平台的一端移到中心，此时一个装置会释放出糖水；另一组看着球在一块磁铁的作用下自己移动；第三组完全没有得到提示。

几天后，观看假熊蜂执行任务的熊蜂比其他熊蜂更快、更成功地解决了这个问题，而那些看到球自己移动的熊蜂比什么都看不到的熊蜂早一些找到了解决方案。此外，有三个球离实验中心的距离不同，研究人员总是移动最远的那个球。然而，熊蜂几乎总是移动最接近其含糖目标的那个球，这表明它们不是在抄袭，而是通过采用更简单的方法来提高执行力，这意味着创新能力和思维灵活性。

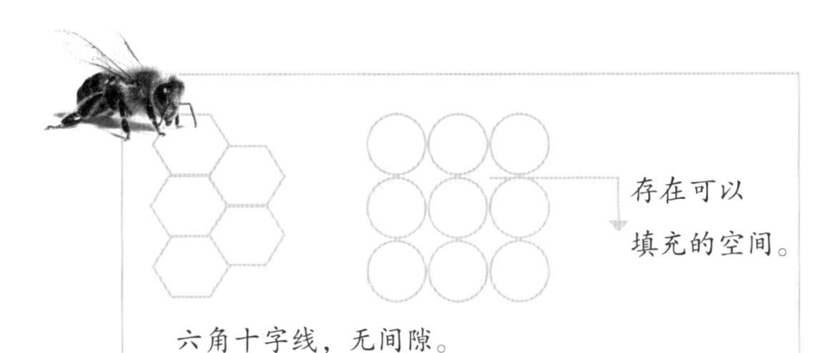

1999年，美国密歇根大学的数学家托马斯·C. 黑尔斯认为，六边形是建造蜂窝最经济的方法，因为它们不留空隙，因此不会浪费蜂蜡。

数学

虽然蜜蜂的数学能力，例如建造蜂巢的能力，早已为人所知，但澳大利亚和法国的研究人员通过实验发现，它们也理解零的概念。在一项测试中，向昆虫展示了一系列含有不同数量元素的图片；昆虫必须选择最低数量以获得奖励。几轮之后，它们看到了一张空白图片和一张元素数量很少的图片，而它们选择了空白的那张。科学家们随后做了另一个实验，他们训练蜜蜂做简单的加减法，经过一些训练后，它们学会了正确的做法。所有这些都表明，蜜蜂拥有符号语言、先进的视觉感知、决策和计划能力。

六边形排列是最有效的。

以数字呈现的重要性

这里有一些与蜜蜂有关的数字，主要是关于西方蜜蜂的，因为它们目前是最有名的，对其研究也最多。

全世界有超过两万种野生蜜蜂。

木匠蜂

西方蜜蜂

黑壁蜂

西方蜜蜂蜂群成员的数量为3万～8万，其中包括一只蜂王、数百只雄蜂和数千只工蜂。

在最佳条件下，蜂王每天能产1500～3000个卵，即每分钟产两个卵。一年中可以产20万个卵。

在无风的情况下，家蜂的飞行时速约为29千米。

它们每秒扇动翅膀约200次。

它们通常离开蜂巢不会超过三千米。

几乎90%的野生植物在某种程度上依赖动物授粉。

为了生产一千克蜂蜜，蜜蜂必须拜访200万朵花，飞行大约八万千米，相当于地球周长的两倍。

据估计，蜜蜂每年生产蜂蜜约为160万吨。

要生产一千克蜂蜡，蜜蜂需要摄取7～12千克蜂蜜。

无脊椎传粉物种的40%以上，尤其是蜜蜂，面临灭绝的危险。

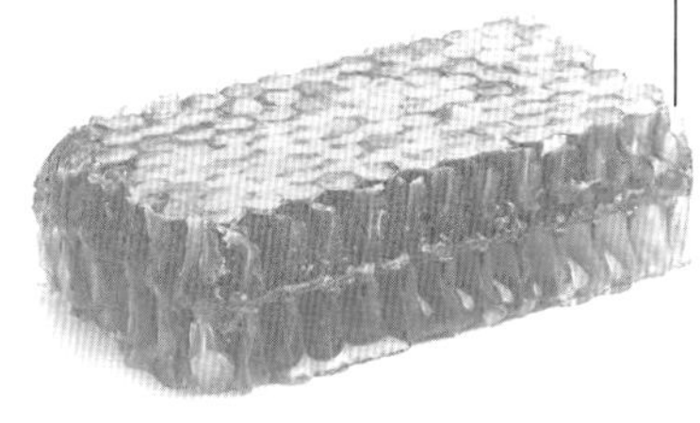

一只蜜蜂一生可以生产一茶匙半的蜂蜜。

蜂巢中的蜜蜂每年可采集35千克花粉。

它们更喜欢含糖量超过20%的花蜜。

蜜蜂要用花蜜填满它的嗉囊，需要访问1000～1500朵花。

根据联合国粮农业组织的数据，全球75%的粮食作物都依赖于授粉。

据绿色和平组织称，在全世界范围内，蜜蜂的授粉工作对农业每年的经济价值约为2650亿欧元，在欧洲为220亿欧元，在西班牙超过24亿欧元。

由动物授粉的物种比例，从温带地区的80%到热带地区的94%不等。

城市中的蜜蜂

我们生活在一个越来越城市化的世界。20世纪，数以百万计的人从农村地区迁移到城市，目前世界上一半以上的人口都居住在城市，而且这一趋势不会逆转，至少在短期内如此。为了适应我们的需求或舒适度，我们改造了自然空间，而这正在造成损失，甚至对蜜蜂也造成了影响。

图为园丁花园中的昆虫旅馆。蜜蜂会利用这些孔洞冬眠或产卵。

近年来，城市中的蜜蜂数量增加，这或许是由于自然栖息地的丧失，或许是由于农业环境中的单一栽培和杀虫剂的使用，使得蜜蜂的食物不足和面临困境。此外，气候变化造成的干旱让它们因缺水而死亡。

然而，城市地区可以为蜜蜂提供几个优势条件：由于温度较高，蜜蜂可以延长花粉采集期；它们可以在喷泉、洒水器或游泳池中找到水源；由于公园、花园和阳台上的观赏植物，它们拥有更多的食物种类；此外，由于城市环境中的蜂群数量较少，它们不必争夺食物，因此它们不会像一些商业化生产的蜂群那样受到压力。城市蜜蜂往往有更好的健康状况，因为城市卫生和人类的环保意识，它们可远离寄生虫和疾病的影响。而且接触杀虫剂和植物保护产品的机会通常比靠近农田的蜂群要少得多。就它们而言，它们做着自己最擅长的事情：为城市植被授粉。

虽然它们的存在确实会让那些害怕它们的人们

图为蜂箱，位于城市中心一座现代建筑的花园养蜂场内。

感到厌烦，但除了对过敏症患者来说可能被蜇存在危险以外，蜜蜂根本没有攻击性，也从不无故攻击。只有当我们离它们的蜂巢太近或它们感到非常危险时，它们才会蜇人，它们知道，蜇人一次就会让自己失去生命。

城市蜂蜜

美国纽约、英国伦敦和法国巴黎已经率先将城市养蜂业合法化，现在已经可以买到“伦敦蜂蜜”或“巴黎蜂蜜”，就好像它是一个原产地名称。人们质疑沉积在树木、植物和花卉上的污染颗粒对这些新出现的城市蜂蜜的影响。与此相关，法国养蜂人协会的一项研究出人意料地显示了相反的数据，根据法国食品安全局（AFSSA）的说法，巴黎的污染对蜂蜜的影响比农村使用的化肥、农药和其他化学品对它造成的影响要小。

图为木制蜂箱，位于市中心附近的公园里。

巴黎的时尚

20世纪末，在巴黎饲养蜜蜂成为一种时尚，人们邀请它们在城市的一些屋顶上定居。2013年春天，巴黎圣母院安装了几个蜂箱，特别是在圣器收藏室的屋顶上，因为其朝南的方向更适宜蜜蜂活动。六年后，这座著名的地标突发大火，标志性尖塔倒塌，之后几乎每个人都认为蜜蜂已经死亡。但令所有人惊讶的是，在随后的图像中，检测到一些“点”在该地区飞来飞去，证实蜜蜂幸存了下来，人们惊叹这些“蜜蜂的奇迹”。如今，这些蜂群仍在继续壮大，增加它们的数量并生产蜂蜜。

图为法国巴黎圣母院附近的樱花。

在西班牙，在城市环境中养蜂是不合法的，因为这被认为是一种畜牧业活动，必须与城市、城镇或公共设施保持至少400米的距离。但是，在马德里和巴塞罗那等城市设有观察和实验用的蜂箱。

蜜蜂的敌人

疾病和寄生虫

蜜蜂和包括人类在内的所有动物一样，很容易受到细菌、病毒、真菌和寄生虫的影响。蜜蜂的生活方式较为特殊，成千上万的个体共同生活在蜂巢中，并且彼此不断接触，因此蜜蜂特别脆弱。它们的免疫系统相对较弱，所以确保它们处于最佳的健康和营养状态非常重要。下面我们将详细介绍蜂巢中最常见的一些病虫害问题。

螨病

这是由蜜蜂特有的一种微小的螨虫——武氏蜂盾螨（*Acarapis woodi*）引起的。它也被称为气管螨，因为它以血淋巴（类似于节肢动物的血液）为食，攻击几日龄蜜蜂的呼吸系统。大规模感染导致高死亡率，并通过直接

接触传播。当疾病变得严重时，会破坏翅膀的肌肉，使蜜蜂无法飞翔或飞得很慢。

死蜜蜂标本

美洲蜂幼虫腐臭病

这是一种由产孢子细菌引起的严重疾病，其致病菌为幼虫芽孢杆菌原（*Paenibacillus Larvae*）。它存在于世界各地，并杀死育雏室内的幼虫。受感染的蜂巢有时会散发出一种特有的气味。蜂巢首先变成淡黄色，然后变成褐色，变成一团黏糊糊的东西。幼虫因摄取被污染的食物而感染，然后孢子被清除死雏的工蜂无意中传播到整个蜂巢。抗生素治疗会破坏无性繁殖的细菌，但不会破坏孢子，所以这种疾病会复发，因此建议烧毁蜂箱和设备。

蜂窝旁边的死蜜蜂

蜂螨

厉螨科（Tropilaelaps）的螨虫有几个品种。每个物种都有不同的地理范围，但都在亚洲发现了。这些螨虫是外部寄生虫，以蜜蜂幼虫（幼虫和蛹）为食并导致成虫畸形。它们通过蜜蜂之间的直接接触或通过蜂巢的移动传播。

雄螨

蜜蜂幼虫

欧洲蜂幼虫腐臭病

此病是蜜蜂幼虫的一种细菌性传染病，由蜂房蜜蜂球菌（*Melissococcus plutonius*）引起，虽然名字中带有欧洲，但它并不存在于欧洲，而是发生于北美、南美、中东和亚洲。就像美洲蜂幼虫腐臭病一样，这种细菌会杀死蜜蜂幼虫，只留下空空的巢室。该疾病通过蜂巢污染传播，因此往往年复一年地持续存在。它存在蜜蜂的粪便中，当蜜蜂在幼虫阶段感染后并幸存下来，它随之传播。

蜂巢小甲虫

蜂巢小甲虫

蜂巢小甲虫（*Aethina tumida*）是蜂群的捕食者和寄生虫。它们原产于非洲，但通过蜜蜂的商业流动被引入美国、埃及、加拿大和澳大利亚。在其原生地被认为是一种危害性不大的小害虫，但在它被引入的地区，已经成为一个主要问题。雌蜂成虫在蜂巢里产卵，当卵孵化时，幼虫以蜂巢及花粉和蜂蜜为食，然后离开蜂巢，在地上化蛹。一旦进入成虫阶段，它们就会飞去寻找新的蜂巢，所以传播速度很快，因为它们能够飞行数千米。

蜜蜂孢子虫病

此病是由蜜蜂微孢子虫（*Nosema apis*）引起的，这种生物体被归类为影响蜜蜂消化道的一种真菌。它在蜜蜂腹泻产生的粪便中存活两年以上，主要攻击15天以上的成年蜜蜂。蜜蜂表现出全身无力，无法飞行，并伴有震颤和麻痹的症状。

蜜蜂白垩病

病原体是真菌蜜蜂球囊菌（*Ascosphaera Apis*）。幼虫通过摄取食物中的孢子而感染此病。菌丝体侵入蜜蜂身体并穿过细胞膜，到达幼虫的表面；然后幼虫变成散发白色气体的木乃伊，之后变成黑色。该病主要通过清洁工蜂传播，它们在试图清除死亡的幼虫时感染。

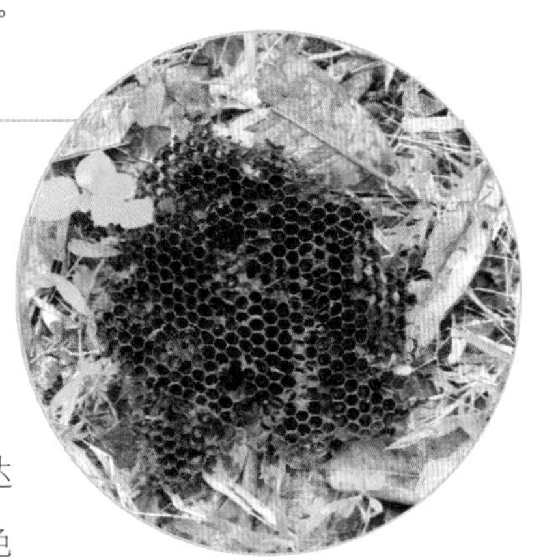
图为森林地面上的死蜂巢。

图为蜡蛾幼虫。

蜡螟病

大蜡螟（*Galleria mellonella*）别称蜡蛾，是一种害虫，会破坏养蜂人的蜂场和蜂箱中的蜂巢，这些蜂巢中含有幼虫或花粉。这些毛虫以它们能找到的任何蛋白质为食，无论是茧衣还是花粉。它们在温暖的环境中大量繁殖。这种飞蛾把卵产在带有花粉的蜂巢里，毛虫随后会啃食这些花粉，形成廊道，在里面留下一种“丝”，使框架失去作用。它不影响蜜蜂，只影响农场使用的材料，如框架和盒子。

瓦螨病

瓦螨有四种，其中瓦罗螨的破坏性最强。它起源于亚洲，除澳大利亚和新西兰部分地区以外，在整个世界范围内均有分布。它构成了目前养蜂业的主要问题，也是唯一同时攻击成年蜜蜂和幼虫的害虫。这种类似于蜱虫的螨虫会附着在蜜蜂的身体上，造成伤口、攻击蜂巢或吸食蜜蜂血淋巴。简而言之，它们削弱了蜂群，使蜂群易于受到任何病毒的攻击。

受影响的蜜蜂不能长到足够的大小，并出现畸形，如翅膀萎缩，腹部缩小，触角缩小或没有触角。它还导致蜜蜂变得更加活跃，因为蜜蜂会试图摆脱这些寄生虫。可以用百里香酚（一种从百里香或牛至精油中提取的天然产品）以环保的方式对抗瓦螨。

天敌

蜜蜂对生物多样性和人类有益，却是多种动物（主要是鸟类、两栖动物和爬行动物以及其他节肢动物）的食物之一。这里介绍一些主要的蜜蜂天敌。

食蜂鸟，又称黄喉蜂虎。

鸟类

食蜂鸟

无疑，最出色的“蜜蜂捕食者”是食蜂鸟，它属于蜂虎科（Meropidae），该科由22个物种组成，其中大部分生活在非洲，但有些在春天迁移到欧洲，如黄喉蜂虎（*Merops apiaster*）。它们颜色鲜艳，非常善于交际，通过其嘈杂而奇特的声音，人们很快就能识别它们。

图为食蜂鸟。

图为来自南非的白额蜂虎。

这种引人注目的鸟有一个细长而弯曲的喙，专门捕捉蜜蜂和胡蜂，通常是在飞行中捕捉；然后，它会在坚硬的表面上反复捶打和摩擦受害者，以去除毒刺。然而，尽管养蜂人担心，根据西班牙穆尔西亚大学的一项研究，这些鸟并不对蜂巢构成任何危险：在它们在欧洲停留的大约六个月里（每年4～9月），食蜂鸟平均摄入1500只工蜂，这被认为是不足以影响蜂群生存能力的捕食。

鹃头蜂鹰

鹃头蜂鹰（*Pernis Apivorus*），这种猎蜂鸟在欧洲大部分地区繁殖，在非洲过冬，在那里它可以到达安哥拉。它偏爱以社会性膜翅目动物为食，如黄蜂、胡蜂和熊蜂，尽管它也可以吃甲虫、蛾幼虫、蚱蜢和其他昆虫，以及两栖动物、爬行动物、小型哺乳动物或鸟蛋和小鸡。对其食物偏好的适应性导致它的繁殖和迁徙周期与这些

图为鹃头蜂鹰。

猎物最丰富的时期同步，这对猛禽来说是独一无二的。它不攻击蜜蜂的蜂巢，而是更喜欢胡蜂或熊蜂的地下巢穴，它有强壮的腿和锋利的爪子，可以毫不费力地挖出这些巢穴，然后用它的喙抓住昆虫，并在吃掉它们之前拔掉螯针。

它们对蜜蜂这种食物表现出的适应性是，头部长有小而密的鳞片状羽毛（可以减少被咬的可能性）、带有厚鳞片的强壮的腿和用于挖掘的略微弯曲的爪子，以及用于挖掘的狭缝状鼻孔（以减少挖掘时被土壤堵塞的可能性），它们的上颚有四块角质板和一个形成下眼睑的软骨板，以避免被蜇伤。

花斑鹟。

花斑鹟

花斑鹟（*Ficedula hypoleuca*），这是一种小型候鸟，在欧洲和西亚的大部分地区繁殖，在非洲过冬。它几乎只食昆虫，主要是蜜蜂、黄蜂、甲虫和蚂蚁，后者占成鸟食物的25%，而雏鸟主要以鳞翅目（蝴蝶）动物和膜翅目动物为食。

两栖爬行动物

蜜蜂或多或少也是两栖动物和爬行动物饮食的一部分。在前者中，最突出的是伊比利亚水蛙（又称佩雷斯蛙，*Rana perezi*），它们会毫不犹豫地捕捉接近池塘取水的蜜蜂，还有棘蟾蜍（*Bufo spinosus*）和黄条绿背蟾蜍（*Epidalea calamita*）。至于爬行动物，它们食用蜜蜂的可能性较小，但偶尔也会被蓝斑蜥蜴（*Timon lepidus*）和鳄鱼守宫（*Tarentola mauritanica*）等捕食。

棘蟾蜍。

伊比利亚水蛙。

鳄鱼守宫。

黄条绿背蟾蜍。

无脊椎动物

绿蟹蛛

绿蟹蛛（*Diaea dorsata*）之所以得此名，是因为它们的外表和动作与甲壳类动物相似。它们不结网，因为它们的策略是躲在花丛中，等待任何接近的昆虫，然后扑向昆虫，并向其注射一种强力毒药，这种毒药可以杀死比它大三倍的猎物，但对人类没有影响。

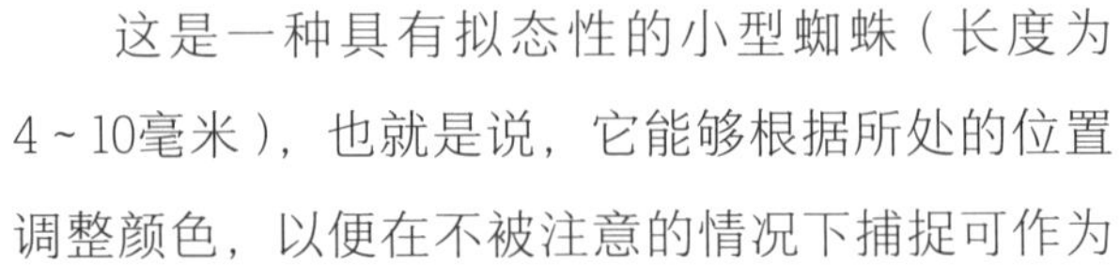

弓足梢蛛（*Misumena vatia*）。

弓足梢蛛

这是一种具有拟态性的小型蜘蛛（长度为4～10毫米），也就是说，它能够根据所处的位置调整颜色，以便在不被注意的情况下捕捉可作为其食物的昆虫。

满蟹蛛（*Thomisus onustus*）吞噬蜜蜂作为猎物。

菊科蟹蛛，又称弓足梢蛛。

绿蟹蛛。

采用的颜色以黄色、粉色和白色为主。颜色更改大约需要两天才能生效。捕获猎物后，它将有毒的螯肢刺入猎物体内，导致猎物死亡。同时，毒素会软化猎物的身体组织，使蜘蛛能够吸收它们。

虎蛛

虎蛛也被称为银蛛（*Argiope Argentata*），原产于美洲大陆。通常可以在蜂巢附近发现，它们在高大的草丛或花丛旁边织网。

蜜蜂通常不会察觉到这张网，所以它们会粘在上面，无法动弹，随后被注射一种致命的毒液。

银蛛栖息在它的网上。

胡蜂

欧洲狼蜂

欧洲狼蜂（*Philanthus Triangulum*）是许多捕食蜜蜂的黄蜂之一。虽然成虫是植食性的（以花蜜和花粉为食），但该物种的名字来源于受精雌性的行为，它们主要捕食西方蜜蜂，也会在特殊情况下捕捉地蜂属（*Andrena*）、毛足蜂属（*Dasypoda*）、隧蜂属（*Halictus*）、淡脉隧蜂属（*Lasioglossum*）和切叶蜂属（*Megachile*）的独居蜜蜂。

欧洲狼蜂，具有掠夺性。

切叶蜂属蜜蜂。

地蜂属工蜂。

图为欧洲胡蜂。

黑胸胡蜂。

欧洲胡蜂

尽管欧洲胡蜂（*Vespa Crabro*）体形很大（18～28毫米），但不应将它与入侵的亚洲胡蜂（又称黑胸胡蜂，*Vespa velutina*）相混淆。

欧洲胡蜂。

它最喜欢的猎物（尤其是喂养幼蜂）是蜜蜂，它会在吃掉蜜蜂之前会先咬断蜜蜂头。它还喜欢进入蜂巢偷取蜂蜜，因为它的食物包括花蜜、树液或成熟的水果。

栖息地的丧失

近年来，人类越来越意识到蜜蜂所面临的危机，它们不仅要面对疾病、寄生虫和天敌，还面临着越来越多的新问题，其中绝大部分是由人类行为引起的。

图为昆虫旅馆，这是为恢复蜜蜂种群而建造的。

根据在这方面的一些研究，栖息地的丧失、损毁或退化对生物多样性具有破坏性的影响，这可能是近代以来蜜蜂面临的主要问题。目前，因城市扩张、采矿、建造各种基础设施（如公路和铁路），或是用作农业用地等原因，超过40%的无冰陆地表面已经被人为改造。

鉴于生物与环境之间的复杂关系，这些变化对许多蜜蜂物种产生了重大影响。其中有些物种因其特性，能够适应环境的适度干扰（甚至在城市定居），而另一些由于其特殊的进食习惯，或者因在地面上筑巢，而在沥青中无法找到适合的位置，因此，它们更加敏感，注定要消失。

建造这些房屋所使用的天然材料确保了蜜蜂繁衍的完全可持续性。

生态系统

发表在期刊《生态系统》上的一项研究显示，西班牙马略卡岛东海岸的栖息地的丧失，加剧了当地植被及传粉者形成的生态系统的脆弱性，蜜蜂和胡蜂的数量大幅减少。据作者介绍，授粉网络是生态系统正常运作的关键，因此，栖息地的丧失和退化直接影响到它的运作，进而影响到全世界各个地区的植物和动物群。所研究的地区之一由于试图建造一个非法的高尔夫球场而失去了52%的植被；另一个地区有两个地方性蜜蜂物种（*Dufourea balearica*和*Halictus microcardia*），后者被列为濒危物种。如果不采取行动，两者可能都会消失，这只是世界不同地区发生的一个例子。

“栖息地破坏通常与发达国家的贪婪和物质主义有关。”

——珍妮·古道尔

近几十年来，世界上大多数地区的植物生物多样性也经历了快速变化。虽然这方面的资料很少，但在许多地方和栖息地，当地植物的种类似乎已经减少，特别是影响到那些完全依靠昆虫作为媒介传粉的植物。没有花，蜜蜂就没有食物，而没有蜜蜂，花就无法繁殖。农业对土壤的开发也对这些昆虫产生了非常不利的影响，除了导致它接触到植物保护产品（如杀虫剂、添加剂等）外，它们的筑巢地点和作为其原始食物来源的植物也被破坏。这应列入专门的章节进行说明。

蜜蜂旅馆可以在一定程度上改善自然栖息地丧失带来的破坏。

工业化农业

传统上，人类以数千种不同品种的植物为食，但自20世纪60年代的“绿色革命”以来，工业化农业一直集中于少数适应市场需求的基本作物，如水稻、玉米、土豆和大豆，而它们并不需要昆虫授粉。

图为一个农场：一半的田地种着胡萝卜，另一半准备播种。

营养不良

随着人口增长，人类对粮食生产的需求不断增加，这种密集型农业对传粉者和许多其他无脊椎动物物种产生重大影响。

这种农业生产模式以多种方式影响着蜜蜂。一方面，它“清除”了田间所有类型的植被（除了选定的物种），破坏和分割了自然栖息地及其包含的所有生物多样性。它还对这些有益昆虫的进食产生影响，使蜜蜂无法获得充足的食物来源。

随着野生植物的减少，单一栽培植物的大量开花可以为蜜蜂和其他传粉者提供宝贵的食物来源。然而，这些过剩的资源只存在很短的时间，有时在开花之前就被收割了。此外，这类作物可能因冰雹等外部因素而遭受损失，使蜜蜂失去生计。

单一化种植的另一个问题是，蜜蜂被迫只食用一种植物，这可能会产生不良后果。花粉是它们蛋白质和脂类的主要来源，对其生长和发育至关重要。另一方面，每种花粉都有不同的营养特性，就

图为薰衣草和向日葵田中的蜂巢。

图为蜜蜂给向日葵授粉。

像人类必须有多样化的饮食才能保持健康一样，西方蜜蜂（鉴于其家养性质，是唯一有数据可查的）需要摄入不同花朵的花粉，以使其免疫系统达到最佳状态。有趣的是，人类和蜜蜂都需要有相同的氨基酸和必需脂肪酸。

在法国阿维尼翁的国家农业研究所（INRA），研究人员观察到了蜜蜂饮食多样性和蜜蜂健壮程度之间可能存在的联系："我们发现，与只采食一种花的蜜蜂相比，喂食五种不同花粉混合物的蜜蜂具有更高的葡萄糖氧化酶水平，即使这种花的蛋白质含量很高"，其中一名研究人员表示。蜜蜂制造一种酶，即葡萄糖氧化酶（GOX），用来分解葡萄糖，维持蜂蜜的pH值，并增加对病原体入侵的抵抗力。

许多科学家小组目前正在进行研究，积极调查蜜蜂在不同农业地区（主要在美国和欧洲）所食用的花粉质量和数量的影响。这些研究的初步结果支持以下假设：与单一作物养殖有关的营养压力，除了增加对寄生虫和疾病的易感性之外，还导致工蜂的寿命缩短，死亡的概率增加，主要是在秋季和冬季。同样，初步研究结果表明，当蜂群营养不良时，与蜂群减少有关的其他因素（如接触杀虫剂）的影响发生率更高。

西方蜜蜂

花粉中的淀粉含量百分比为
1%~7%

花粉中的蛋白质含量百分比为
16%~30%

花粉中的脂质含量百分比为
3%~10%

花粉中的糖分含量百分比为
0%~15%

滥用植物保护产品

除了作为生态系统的森林遭到砍伐及蜜蜂营养不良之外，工业化农业还有其他重要影响。单一化种植及其生物多样性的缺乏造成了严重的生态失衡，因为这会导致土壤贫瘠并容易受到病虫害的侵扰。由此导致使用大剂量的化学产品来对抗病虫害，这种方式已经十分普遍。

图为拖拉机在大豆田里喷药。

这些杀虫剂中最广泛使用的是新烟碱类，因为它是尼古丁的衍生物，所以被称为新烟碱。该类杀虫剂出现于20世纪90年代，在全世界的农作物中使用最为广泛。它们被施用于土壤或叶片上，也可以用于种子包衣。它是一种内吸性杀虫剂，可以渗透到植物组织中，分布于各处，包括花蜜和花粉，并且具有较长的残留作用。在种子生长过程中，种子包衣被植物的维管系统吸收，随着植物的生长，它也会到达叶片并污染花朵。由于在极低浓度下的有效性，其使用量迅速飙升。

这些植物保护产品被认为是近年来蜜蜂消失的主要原因之一。它们作为神经毒素发挥作用，影响昆虫的中枢神经系统，直至它死亡。蜜蜂可以直接受到污染，也可以通过食用花粉和花蜜间接受到污染。幼虫和蜂王也会因为被返回蜂巢的工蜂喂食而中毒。

禁令

2018年，欧盟成员国同意禁止在户外使用三种新烟碱类杀虫剂（氯羟吡啶、吡虫啉和噻虫嗪），此前欧洲食品安全局（EFSA）已就此类杀虫剂对蜜蜂和其他昆虫的风险发出警告。研究发现，污染会传播到土壤和水中，影响野花和农作物。然而，这项禁令导致了另一种农药磺胺类杀虫剂的普及，这是一种新一代的新烟碱类杀虫剂，其有效成分是磺胺嘧啶。然而，发表在期刊《自然》上的研究报告提出，这种杀虫剂对熊蜂产生了负面影响。根据这项研究发现，接触该化学品的蜂群产生的雌性工蜂较少，其繁殖能力降低了54%。法国是领导打击杀虫剂的国家之一，并禁用了这种物质和氟吡甲禾灵。

但是新烟碱类药物并不是唯一对蜜蜂有害的产品。蜜蜂还受到各种杀灭微生物菌群的杀菌剂和除草剂的影响。后者包括草甘膦，用于控制杂草和灌木。最常见的施用方式是喷洒在作物上，这种方法会将有害物质传播到待处理区域以外的范围。几十年来，它的使用量不断增加，已成为单一作物和转基因作物中使用最广泛的农业化学品。世界卫生组织已将它列为可能危害人类的致癌物。

关于草甘膦对蜜蜂的影响，一组研究人员研究了暴露在这种除草剂的慢性和急性剂量下蜜蜂的反应。与新烟碱类药物一样，蜜蜂的嗅觉反应、学习表现和短期记忆都受到损害。当喷洒草甘膦的蜜蜂需要更长的时间才能返回蜂巢时，证明它们的这种认知能力已受到明显损害。

2019年，巴西养蜂人发现在短短三个月内超过五亿只蜜蜂死亡。其中大部分都有欧盟禁用的杀虫剂氟虫腈的痕迹。

在西班牙瓦伦西亚和穆尔西亚，使用杀虫剂和除草剂促使果树更具竞争力的做法十分普遍，尽管这些杀虫剂已获批准，但数起大规模的蜜蜂中毒事件因此发生了。

对蜜蜂伤害的后果

人类直接接触对家养蜜蜂有即时伤害和致命的后果。蜜蜂食用被污染的花粉和花蜜，即使是低剂量也会造成蜜蜂的各种亚致死效应。后者包括：

- 冬眠能力的下降和觅食的干扰，导致蜂巢内的花粉和蜂蜜储备减少。
- 蜂巢某些区域的构造不规则，空的育雏室数量增加。
- 嗅觉和学习能力下降。
- 蜂王育雏数量急剧下降。
- 在返回蜂巢的飞行中迷失方向。

此外，根据发表在科学期刊《英国皇家学会学报B》上的一项研究，新烟碱类化合物还对雄蜂起到避孕作用，使活精子的数量减少39%。为了使蜂巢正常运作，必须有最低数量的工蜂；如果这些工蜂的损失大于自然因素（如捕食或老龄化）造成的损失，那么蜂群最终会消失。

这些杀虫剂也会影响到野生蜜蜂，其源头不仅来自经过药物处理的作物，还来自喷洒杀虫剂会影响邻近的植被和土壤。然而，由于野生蜜蜂没有像西方蜜蜂那样被广泛研究，新烟碱类药物对它们的不利影响程度尚不清楚，但人们普遍认为对二者的影响程度相当或对野生蜜蜂影响更大。

气候的变化

气候变化是毋庸置疑的现实。温室气体的增加、森林的砍伐、海洋生态系统的破坏和全球人口的增长正在导致气候的变化，而这种变化不会自然发生。

木材工业的快速发展造成的森林砍伐是导致气候变化的一个危险因素。

诚然，地球经历了各种变暖和变冷事件，但这些事件发生了数千年，而现在，由于人类活动的结果，地球正在面临前所未有的问题。

所有这些变化都对不同的生态系统产生了显著影响，当然也对蜜蜂产生了影响。气候变化导致这些昆虫的生命周期与它们赖以生存的植物脱钩。开花期越来越短，或者出现持续数月的暴雨和干旱，破坏了花粉和花蜜的来源。此外，蜜蜂可用的水量减少。此外，极端天气事件导致了这些传粉者的高死亡率。所有这些都增加了蜜蜂因其他原因而生病的概率，情况更加恶化。

持续和长期的干旱是气候变化的一个直接后果。

对变化的危险适应

《自然：生态与进化》期刊几年前发表的一篇文章显示，由于气候变化，大多数传粉者将其活动期提前了近一周；这在南欧种群中更为明显。数据显示，自1960年以来，昆虫以平均每年0.1天的速度提前飞行，因此在2016年，也就是研究的最后一年，其飞行季节的开始日期提前了5.8天。同时，在调查的56年中，这一活动期的长度缩短了1.8天。有趣的是，受活动期变化影响的植物比正常生长的物种更早开花、结果，但还不知道这是否有利于它们的生存。另一个值得注意的变化是，这些昆虫和植物之间似乎出现了不同步，因为昆虫在有利的季节开始时大量出现，挤满了花朵，而在其余时间里，昆虫数量则有相当大的下降，导致许多花朵没有授粉。

植物和蜜蜂必须同步。

蜜蜂的灭绝

美国伊利诺伊州西北大学和芝加哥植物园的一项研究发现，气候变化可能导致生活在西班牙等温暖地区的蜜蜂在当地灭绝。

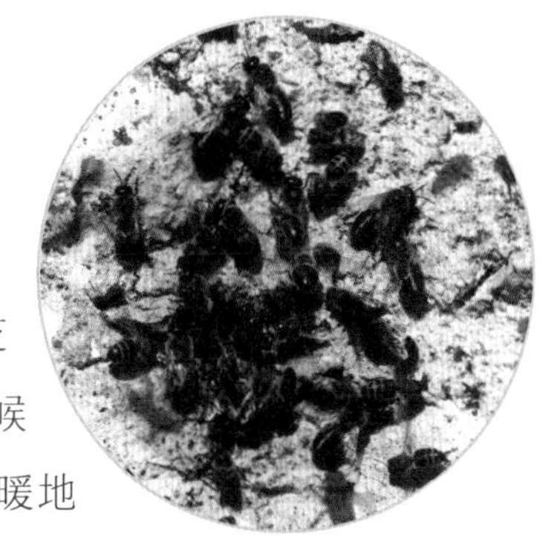

图为墙洞里的一群蜜蜂。

为了分析这个问题，研究人员用一种北美独居蜂——切叶蜂科的一种壁蜂（*Osmia ribifloris*）进行了一项实验，它们在预先存在的洞里筑巢。在两个季节里，研究人员将一些蜂巢涂成黑色，以吸收更多的热量，模拟预测的2040年的气候。这导致第一年有35%的蜜蜂死亡，第二年有70%的蜜蜂死亡，而在原来的巢穴中，死亡率只有2%。此外，那些在温暖的蜂箱中筑巢的蜜蜂体形明显小于其他蜜蜂，这也是一个问题，因为较大的体形通常意味着较高的繁殖能力。

多纳纳（DOÑANA）生物站

西班牙多纳纳生物站的研究员伊格纳西·巴托梅乌斯发现，较早的花期飞行增加了遭受霜冻的风险，导致之后蜜蜂的数量减少。另外，在更高的温度下发育意味着这些昆虫的新陈代谢速度更快，以更高的速度消耗储备。“到目前为止，物种一直在适应，因为生命是非常灵活的，但是我们不知道这些生存机制在生态崩溃之前能够发挥多大的作用”，巴托梅乌斯说。

入侵物种

当一个物种被引入并在一个不属于自己的区域定居，通过其入侵行为或遗传污染的风险威胁到本地生物多样性时，该物种被认为是入侵物种。

挂在树上的巨型亚洲胡蜂巢。

全球化和各种产品市场的不断增长推动了外来入侵物种的传播，这导致物种被意外地引入非起源国家。一般来说，入侵物种有以下几个共同的特点：有很强的适应能力，很快就能适应新区域的气候，在那里找到食物和住所，以繁殖和扩大其范围。由于它们不是本地土生土长的，缺乏天敌，其种群迅速增长，而原来的物种却毫无防备，因为它们无法适应这些物种入侵并建立防御机制。

亚洲胡蜂

近年来最引人注目的案例之一是亚洲胡蜂的亚种之一墨胸胡蜂（*Vespa velutina nigrithorax*）的案例。它们原产于东南亚，于2004年在法国波尔多首次被发现，它们是通过搭乘一艘货船抵达的。从那时起，它们逐渐蔓延到欧洲大部分地区：法国、西班牙、葡萄牙、意大利、英国、瑞士、比利时、荷兰以及德国。专家估计，这种胡蜂每年要征服约

图为亚洲胡蜂（*Vespa Velutina*）的蜂巢。

80千米的范围，而气候变化似乎有利于其扩张。成虫以花蜜或水果为食，但幼虫需要蛋白质，所以在喂养幼虫期间，工蜂就会变成猎人，攻击本土蜜蜂，它们用强大的下颚杀死本土蜜蜂，并将蜜蜂切碎运往巢穴，它们每天要吃掉25～50只本土蜜蜂。但它们杀死的本土蜜蜂远远超过了可以运回巢穴的数量，这使它们与欧洲胡蜂（*Vespa crabro*）区分开来，后者虽然也攻击本土蜜蜂，但数量只限于它们喂养雏蜂所需的数量。亚洲胡蜂的巢穴可以达到70～90厘米高，直径40厘米，由纸浆制成。在巢内，连同蜂王一起，生活着大约2000个成员。

日本大黄蜂

2019年底，美国华盛顿州的多位养蜂人发现一些从未见过的巨型大黄蜂在他们的蜂巢周围徘徊，有人在加拿大也观察到了这些昆虫。

它们是巨型日本大黄蜂（*Vespa manda rinia japonica*），体长约五厘米，翼展近八厘米，是世界上最大的胡蜂之一。在日本的农村地区较为多见，据说它们是乘船来到美国的。这种大黄蜂非常贪婪，甚至比它们的亲戚黑胸胡蜂（*Vespa velutina*）更为贪婪，并以其他昆虫为食，包括蜜蜂。但这些并不是蜜蜂面临的唯一外来危险。同样来自亚洲的臭名昭著的瓦螨已成功传播到世界各地，成为养蜂业面临的最大威胁之一。

在新的栖息地定居后，一些入侵物种与本地物种杂交。

其他因素

不同类型的熊蜂在温室中为农作物授粉的商业活动有时会产生不良的结果。一些进口物种设法逃脱并定居在新的栖息地，在某些情况下，会取代本地物种或与之杂交。例如，外来的熊蜂可能体形更大，能够飞得更远，因此通过与本地熊蜂杂交，其后代会比原始熊蜂具有更大的优势，而原始熊蜂最终可能会消失，它们授粉的一些植物物种也会随之消失。

蜂巢崩溃失调症

近年来，蜜蜂危机已成为一种全球现象，对植物物种多样性、农作物产量、蜂蜜生产和其他蜜蜂副产品产生了不利影响。

图为西方蜜蜂或欧洲蜜蜂，其蜂巢已被破坏。

蜂群崩溃失调症（Colony Collapse Disorder，CCD）是美国科学家在2006年确定的一个术语，用来定义美国蜜蜂的大规模神秘消失现象。

根据养蜂人的报告，他们的蜂群在几周内损失了50%~90%。CCD不仅攻击蜜蜂，也攻击野生蜜蜂，但由于缺乏研究，无法对损失进行量化。这在美国并不是什么新鲜事，因为在过去的70年里，许多这类昆虫都以类似的方式死亡。

自2007年以来，在多个欧洲国家都观察到了类似的现象，如西班牙、比利时、法国、荷兰、意大利、希腊和葡萄牙，但没有产生如此严重的后果。

在大多数情况下，这类事件存在一些共同的症状：受影响的蜂巢中，大量成年工蜂消失得无影无踪，而它们消失前育雏过多。令人费解的是，蜂蜜和花粉储备仍然完好无损，未被其他蜜蜂掠夺，而蜡蛾和小蜂巢甲虫在工蜂消失后经过相当长一段时间才会发起攻击。这个问题被认为是寄生虫、疾病、杀虫剂和栖息地丧失等多种因素综合作用的结果。此外，在美国，密集的蜂群转移使蜂群受到压力和削弱，同时也增加了不同蜂群之间的接触和随

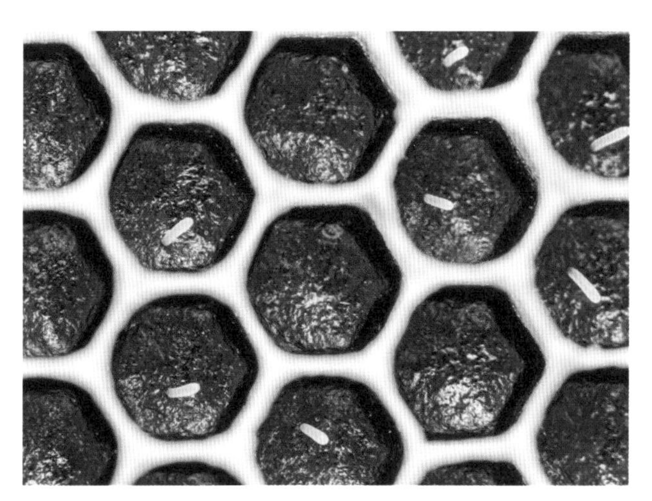

图为蜂巢中的蜜蜂卵。

之而来的病原体传播。还有人猜测，尽管尚不能完全确定，转基因作物可能是罪魁祸首。

增强蜜蜂体质的细菌

美国得克萨斯大学的科学家们已经开发出保护蜜蜂的转基因细菌。这种细菌产生的活性成分可以保护蜜蜂不受瓦螨和畸形翼病毒的侵害，而这两种病毒被认为是导致蜂巢崩溃的两个原因。

瓦螨

接受治疗的蜜蜂在感染病毒的情况下存活率提高了36.5%，在感染瓦螨的情况下存活率提高了70%。

蜂巢中没有熬过冬天的死蜜蜂。

图为蜜蜂幼虫身上的瓦螨。

其他研究指出缺乏遗传多样性，这与蜂王的繁殖质量有关。在美国，少数蜂王负责生产数以百万计的新雌蜂，这些雌蜂将负责生产自己的蜂群。这种近亲繁殖也可能导致蜜蜂更加脆弱，更容易感染疾病。

图为死蜜蜂。

应对挑战的解决方案

全球解决方案和个人解决方案

鉴于蜜蜂的逐渐消失及其消失对生物多样性和人类饮食方面的影响，各种机构和研究人员指出了在全球范围内可以采取的措施，以阻止这些重要传粉者的灭绝，因为它们与人类的未来息息相关。其中一些解决方案需要不同国家政府的参与。尽管已经采取一些措施，但人类仍有很长的路要走。

在农业方面，人类必须改进方法，在作物多样化方面应加强可持续性。

在全球层面上

正如我们所见，工业化农业之所以成为人们关注的焦点，是因为它可能对蜜蜂产生诸多影响。然而，虽然它是传粉者减少的原因，但在某种程度上也可能成为解决方案的一部分。为此，有人提出以下一些建议：

- 完善农用化学品应用的法规和控制，推广考虑到传粉者日常活动的良好实践，例如减少剂量和规范应用方法。例如，取消在蜜蜂活动时施用杀虫剂的做法，这样可以减少蜜蜂的死亡率。联合国粮农组织多年来一直致力于制定全球农药管理行为准则，但许多国家仍未贯彻执行。
- 促进害虫综合治理，包括了解有害昆虫的习性、生命周期、需求和厌恶，同时允许无害的昆虫存在，并首先使用毒性最小的方法。
- 鼓励并资助向可持续农业转变，消除大面积的单一化种植。同时，减少转基因作物的种植。
- 开发新的农业技术，将科学进步与传统做法相结合，如轮作和休耕。

建议限制使用除草剂，以促使蜜蜂访问田地。

传统技术对环境更加友好，有利于保持健康的生态系统。

- 让农民认识到授粉对农业的贡献，并制定激励措施，代替使用农药，帮助他们从生态系统服务中获益。
- 通过计划和补贴，支持作物多样化。
- 保护和恢复栖息地和生物走廊网络，让传粉者在农业和城市环境中移动，并在单一作物之间建立生态缓冲区，让植物在其中自然生长。
- 支持不使用除草剂的农业生态生产系统，促进作物种植区内植物和杂草（蜜蜂的食物来源）的生长。
- 促进全球治理，不同部门和管辖区之间能够协调行动，并提高公众对该问题严重性的认识。

农业部门并不是唯一需要采取行动的部门。砍伐森林也是一个非常严重的问题，因为蜜蜂需要森林和林地或其他自然生态系统来觅食和繁殖，当这些自然区域消失，土地用途转变为种植园或牲畜的牧场后，昆虫也会随之消失。一些措施可以帮助避免这种现象，例如适当的土地使用规划以平衡土地使用，防止森林火灾（其中许多是人类有意或无意造成的），或创造更稳定和更加多样化的本土森林，同时也有利于水循环。

预防蜜蜂疾病是养蜂人的责任，他们应避免进口无动物卫生证书的蜂王或其他生物材料，也不应引进来源不明的蜂群。定期检查蜂群的状况并进行必要的卫生处理也很重要。

在城市层面，市政当局可以通过在公园中保持本土开花植物的多样性来尽一份力，并特别注意确保各种物种的花期覆盖整个春季和夏季。

诚然，许多外来植物漂亮而艳丽，但本地蜜蜂却无法接近它们。

在城市公园和花园中，盛开的花朵对授粉昆虫更有吸引力。

关于入侵物种，有关部门根据相关政策，阻止引进对本地物种有负面影响的外来传粉物种。同时，建议开展育种计划，增强蜜蜂对这些外来物种的抵抗力。

最后，还应实施应对气候变化的措施，如减少二氧化碳排放、节能和合理消费，尽可能地减少塑料的使用，以实现生态的可持续性。

解决方案

一些意识到这种情况的公司正在将科学技术用于授粉，加强蜜蜂的免疫系统，使蜜蜂能够在低温下工作，并通过经典的条件反射训练它们记住一种气味，然后直接去拜访具有相同气味的花朵，因为蜜蜂表现出对花的忠诚度，即它们总是访问同一种类的花，直到花蜜用完。其他举措，如采用热疗作为应对瓦螨的解决方案。这种螨虫对高温非常敏感，即使温度略有上升也会阻止它们的繁殖。在38℃时，会受到不可逆的损害，不到40℃即会死亡，通过这种措施，可以避免使用化学品来消灭它们。

在个人层面上

虽然需要各机构的支持来阻止传粉者的危机，但在个人层面上，我们也可以采取一些行动，有些非常简单，有些则需要作出更大的承诺，但无论哪种都很重要。在此，我们提出一系列倡议，希望每个人都能以某种方式为蜜蜂的福利作出贡献。

种植花草

在阳台上或窗台上放置几盆开花植物，蜜蜂的生活会更加轻松。如果我们有更多的空间，可以建造一个花园，或者，如果我们已经有一个花园，则尝试将花园多样化。并非所有的外来植物都同样适合这些昆虫，因为许多外来植物的大小或蜜腺的位置，不适合为蜜蜂提供食物。因此，建议使用本地植物，因为它们能产生丰富的花蜜、花粉，也能更好地适应该地区的气候条件，因此更容易栽培。还应确保不同植物在一年中的不同时期开花，主要是从冬末到初秋，这样，只要天气允许蜜蜂活动，它们就有资源。不要忘记，熊蜂在温暖的冬日也可以觅食。

水是所有生物的必需品，所以最好放置一个装有水的容器，这样蜜蜂在采集过程中可以补充水

尽管机构的行动是应对传粉昆虫所面临危机的主要因素，但个人举措也非常重要。

蜜源植物

蜜源植物是蜜蜂用来生产蜂蜜的所有植物物种。例如：罗勒（*Ocimum basilicum*）、罂粟（*Papaver somniferum*）、茴芹（*Pimpinella anisum*）、琉璃苣（*Borago officinalis*）、芫荽（*Coriandrum sativum*）、西洋蒲公英（*Taraxacum officinale*）、向日葵（*Helianthus annuus*）、薰衣草（*Lavandula angustifolia*）、忍冬（*Lonicera japonica*）、锦葵（*Malva cathayensis*）、雏菊（*Bellis perennis*）、香蜂花（*Melissa officinalis*）、蓍草（*Achillea millefolium*）、牛至（*Origanum vulgare*）、迷迭香（*Rosmarinus officinalis*）、鼠尾草（*Salvia japonica*）、百里香（*Thymus mongolicus*）、车轴草（*Trifolium*）或蓝蓟（*Echium vulgare*）。

露台或花园里的小水箱可以成为蜜蜂的救星。

分，不过要注意，水量不宜过多，因为它们可能会被淹死。它们还会把水运到巢里，以便为蜂巢内部补充水分。

- 当蜂巢中的温度超过35℃时，蜜蜂就会启动通风机制，否则雏蜂可能因高温而死亡。为了避免这种情况，一些工蜂被安置在蜂巢的入口（门）并拍打翅膀，创造出一个通风的环境。它们扇动翅膀，以产生向内的气流，而其他工蜂则朝相反的方向进行。还有一些“运水工蜂”，负责收集液体，并将液体吐入蜂巢，通过水分的蒸发为蜂巢降温。

如果我们发现一只蜜蜂在地上休息，无法飞行，我们可以给它提供一些水、糖水或蜂蜜，帮助它补充水分，恢复体力并返回蜂巢。

- 根据发表在期刊《功能生态学》上的一篇文章，由英国萨塞克斯大学进行的研究表明，琉璃苣、薰衣草、马郁兰、壁花和一些大丽花品种对授粉昆虫非常有吸引力。出于好奇，研究人员对不同品种的薰衣草进行了测试，结果发现，改良后的杂交品种，包括一些具有白色或粉色等新颜色的品种，比传统品种更受欢迎。

化学杀虫剂的替代品

除了蜜蜂之外，还有其他不速之客，如蚜虫、红蜘蛛、粉虱等，很容易出现在我们阳台或花园的植物上，并会造成相当大的危害。在任何情况下，我们都不应该使用杀虫剂，因为它们不仅会杀死害虫，也会杀死其他有益的昆虫。出于这个原因，我们提出了一系列的生态替代品，虽然它们不如化学产品有效，但完全是环保的。由于它们的效力无法等同于杀虫剂，应用这些有机驱虫剂时必须更加持久且持续时间更长，才能获得良好的效果。

大蒜水煎剂

消除或驱赶蚜虫和一些吃植物的毛虫的一个有效替代方法是大蒜水煎剂。这种大众化食物也有杀菌和杀真菌的作用，因此，也有助于预防真菌病。可以通过多种方法制备，其中一种是将四瓣大蒜在一升水中浸泡24小时，然后煮沸约20分钟。再进行液化、过滤、冷却后，即可使用。最好在早上或晚上用该产品喷洒植物，因为它会随着温度和阳光的变化而降解。建议重复使用五天。

洋葱浸渍剂

我们可以将洋葱与大蒜一起煎煮使用，或者将两个切碎的洋葱放在一升开水中浸泡24小时，然后过滤并对整株植物进行喷洒。由于其抗真菌作用，它对消除或防止霉菌和锈菌等真菌的出现非常有效，还具有杀虫和杀菌的作用。

钾皂

这是一个非常有效的系统，可以防止蚜虫、粉蚧、粉虱和红蜘蛛等。与用钠制成的普通肥皂不同，钾皂不会危害植物或环境，因为它是可生物降解的。另一个有趣的方面是，它对叶子有清洁作用，可以洗去吸食昆虫产生的蜜露残留物，从而防止出现黑霉（一种真菌，看起来像叶子上的黑色粉末）。制备方法是每升水混合20毫升的肥皂，建议多次施用。可以喷洒在植物上，也可以将棉球浸湿涂抹在叶子和茎上。理想情况下，应该重复三四次，休息一周。

印楝油

印楝油是从印楝树（*Azadirachta indica*）的种子和果实中提取的，印楝树原产于印度。它可能是最好的天然杀虫剂之一，因为它可以阻断害虫的发育和繁殖，防止真菌和细菌的繁殖，而对蜜蜂无害。若进行预防性治疗，可以将三毫升油用一升水稀释，每两周浇水时使用。如果害虫已经存在，可以增加浇灌频率，或者将五毫升油用一升水稀释，然后涂抹在植物上。如果加入一点钾皂，其混合物的效果更佳。

荨麻浆

荨麻是非常有用的植物，因为它可以减少害虫的影响并刺激植物的免疫系统。其浆液的制备有点复杂，因此，市场上也有成品出售。制作时，须将一千克新鲜荨麻（叶子和茎），或200克干燥的荨麻放入十升水中，置于容器中浸泡15天，每天搅拌。建议将其置于阴凉处偏僻处，因为它会因发酵散发出非常强烈和难闻的气味。两周后，将混合物过滤并按1份浆液兑50份水的比例稀释，然后喷洒在需要治疗的植物上。这是有机农业中使用最广泛的补救措施之一，除了预防和打击害虫以外，它因含有丰富的氮，还能够使植物更加强壮并刺激生长。

对抗害虫的有益植物

防治害虫的方法之一是在花园里的花盆中放置某些植物，主要是芳香的或气味强烈的植物。这些植物可以阻止有害的昆虫，或吸引捕食它们的有益昆虫。例如，薄荷（*Mentha canadensis*）、莳萝（*Anethum graveolens*）、薰衣草（*Lavandula angustifolia*）、香蜂花（*Melissa officinalis*）、金盏菊（*Calendula officinalis*）、蓍草（*Achillea millefolium*）、罗勒（*Ocimum basilicum*）、迷迭香（*Rosmarinum officinalis*）、百里香（*Thymus mongolicus*）或香茅（*Cymbopogon*）。

生物防治

另一种可能不那么简单的方法是生物防治，它包括利用有益的昆虫和微生物来捕食害虫，就像在自然界中发生的一样。瓢虫可能是最著名的例子，因为它们是蚜虫和粉虱的贪婪的捕食者。瓢虫如此受欢迎，并受到农民和园丁的高度重视，原因很简单：一只成虫一天可以吞食50只蚜虫，而一只幼虫可以吃掉150只。七星瓢虫（*Coccinella septempuncata*）和二星瓢虫（*Adalia bipunctata*）都为此目的而被进行商业销售，如果我们留心，就可以在田间捕获它们，并将它们放在我们种植的植物上。如果它们感到舒适并且有食物，那么肯定会留在这里。

同样有帮助的还有螳螂，是科幻电影中的典型昆虫，但对人类绝对无害，尽管有许多城市传言它们会蜇人或有毒。这种动物能够完美地伪装自己，一动不动地等待猎物，一旦有机会就会猛扑过去。它们以蚜虫、粉虱、蚊子及其幼虫，甚至蚱蜢为食。

还有许多其他昆虫在害虫防治方面很有价值，如食蚜蝇，其幼虫捕食蚜虫、粉蚧、粉虱和蓟马，或美丽的草蛉，它们在幼虫阶段每周可摄取约200只昆虫。

蜜蜂旅馆

蜜蜂有两个方面的基本需求：食物和住所。在食物方面，我们可以种植这些昆虫从春天到秋天进食所需的花朵；在住所方面，我们可以为它们提供一个合适的家，特别是独居蜂。它们中的大多数（60%～70%）都会挖巢，它们偏爱没有植被且干燥的沙质土壤，通常在斜坡或堤坝上筑巢。因此，吸引这些传粉者的方法之一是在花园里留下一些阳光充足的裸地，让它们不受干扰。熊蜂也在地下筑巢，但它们利用的是啮齿动物或其他动物修筑的通道。

图为一个昆虫旅馆，以保护它们免受雨水和日晒。

其余的30%～40%是穴居蜜蜂，它们经常利用中空的植物茎或木头上的洞来营巢。同样可以通过昆虫旅馆来吸引它们。因为昆虫旅馆中有很多小隧道，蜜蜂可以在其中筑巢。有各种设计的昆虫旅馆成品出售，但也可以手工制作。

最简单的方法是收集一些空心树枝或芦苇，用绳子或金属丝把它们绑在一起，然后把它们放在蜜蜂可以找到的地方。商用模型通常设有一个顶棚，以保护其中的住户免受雨淋或过度日晒，尽管这并不是必需的。

竹子是一种理想的材料，因为它具有可用性和耐久性。可以购买芦竹，然后切割成适当的长度，其实任何有空心茎的植物都可以作为昆虫旅馆的材料。

一般建议

隧道的一端开放，另一端封闭，否则会增加接触寄生虫和病原体的风险。其深度可以在12～20厘米，直径约为12毫米或更小。如果我们制作不同尺寸的孔，则可以吸引更多的物种。显然，应该避免使用清漆处理过的木材，因为清漆对这些昆虫具有毒性。

我们可以将巢穴入口处涂成不同的颜色，如亮蓝色，因为这会使它们对蜜蜂更有吸引力。还应将巢穴置于离地面较高的地方，使蚂蚁和蜘蛛不易接近。朝向最好是东南方向，这样就能在一天的早些时候接受阳光，而在最热的时候不会受到强烈的日晒。剩下的就是享受它的存在和良好的运行。

支持本地养蜂业

从当地养蜂人那里购买蜂产品，而不是从大型超市或购物中心购买，是为蜜蜂提供帮助的另一种好方法。当地的蜂蜜是由当地养蜂人生产的，最大限度地保留了蜂蜜的所有特性。它的味道反映了蜜蜂赖以生存的本地植物，与外来的蜜源植物制成的蜂蜜截然不同。此外，我们知道它是纯正的，可以避免与造假、贴错标签和劣质产品有关的风险。

图为夕阳下山区的蜂巢。

纯正蜂蜜还是掺假的蜂蜜？

蜂蜜对我们健康的积极影响是众所周知的。不幸的是，市场上也有掺假的蜂蜜，其中许多是通过与葡萄糖溶液和水混合制成的；有些甚至经过超滤。美国得克萨斯大学孢粉学（花粉研究）研究实验室主任沃恩·布莱恩特证明了这一点。这位科学家进行了一项分析，他对在美国销售的60个品牌进行了评估，包括小商店和大型超市、餐馆和药店在售的蜂蜜。

在这项研究中，其成分中不含花粉的蜂蜜被认为不是蜂蜜，因为它失去了所有的营养和健康特性。研究结果显示，在小商店中，76%的产品不含花粉，在大商店中，77%的产品不含花粉，而在药店和餐厅中，这一比例竟可能高达100%。

通常情况下，通过一种称为超滤的工艺将颗粒从蜂蜜中去除，这种工艺包括将产品加热到非常高的温度，通过非常精细的过滤器，最后掺入水以获得更多的蜂蜜。花粉保留在过滤器中，并带有许多营养和治疗特性，成为治疗过敏、感冒、伤口或贫血的有效药物。这样一来，蜂蜜就变成了简单的甜味剂。

要区分纯正的蜂蜜和掺假的蜂蜜，需要检查成分是否含有“葡萄糖”或“果糖浆”。这些是通常用来获得更多蜂蜜并防止其凝固的添加剂。

检查蜂蜜质量的其他家庭技巧是：首先，将一滴蜂蜜放在拇指上，如果它滑落到一侧，则说明蜂蜜不是天然的，如果它保持在原位，则说明它是天然蜂蜜。在一杯水中加入一勺蜂蜜；如果它迅速溶解，则是假蜂蜜，如果它落到底部，则是真蜂蜜。此外，可以通过一种迹象进行验证，就是结晶，但这需要一些时间来检查。随着时间的推移，真蜂蜜会凝固，而假蜂蜜会始终保持最初的液体状态。

小动作，大改变

有时，在我们看来微不足道的个人行为可以产生巨大的影响。保护生物的第一步是了解它，因此，一个很好的建议是研究和了解神奇的蜜蜂世界。要做到这一点，除了查阅本书或其他书籍，您还可以参加养蜂课堂，在那里，除了解释关于蜜蜂的一切之外，您还可以看到它们在蜂巢里的样子。如果我们已经足够了解，那么我们应该与任何有兴趣的人分享我们的知识。

环境和所有生物的未来都取决于我们自己。爱护它们是每个人的责任。

当我们在大自然中时，请尽量不要留下任何我们经过的痕迹。请不要把人造废物投入自然环境，因为它们通常会在环境中停留很长时间，从而污染环境。一个塑料袋大约需要150年才能降解，而一个瓶子可以持续500年甚至更久。它们的颗粒会污染水体和人类以及其他生物体。纸张在一年内不会消失，就像烟头一样，而口香糖会持续五倍的时间，软饮料罐则持续200～500年。碎玻璃十分危险，因为动物会被其锋利的边缘割伤，放大镜会引起火灾。请记住，玻璃需要4000～5000年的时间来降解。人们须小心用火，因为每年都有数百个蜂箱因森林火灾而消失，火灾对环境的破坏更大，它会使整个生态系统消亡，这些生态系统需要数十年的时间才能恢复，或永远无法恢复到以前的样子。

当我们看到田野里的一些花朵时，在采摘它们之前，请想想蜜蜂，因为它们决定了我们的幸福。请把这些花留在原地，享受它们的美感，让传粉者实现它们存在的理由，以便植物能够繁衍。

让我们尽可能地选择使用当地产品或有机农业产品。后者被欧盟委员会定义为“农业和食品生产全球管理系统，其特点结合了以下几个方面：采用最佳环境实践，确保高水平的生物多样性，保护自然资源，应用高标准动物福利，并采用符合一些消费者对使用天然物质和工艺的产品的偏好的生产方法”。该系统的一些好处是：

- 通过限制使用化学肥料来保持土壤肥力，并致力于作物轮作。使用生态害虫防治方法和主要来自动物粪便和固氮植物的生物肥料。

- 由于作物更加多样化以及传粉者可以为食的自发植物的存在，保护了蜜蜂的原生栖息地，保持了景观的多样化，并使花卉资源持续可用。

- 限制或不使用合成除草剂，促使杂草的多样性和丰富性，从而对我们的主角——蜜蜂产生积极的影响。

- 通过实施该系统，生产的食物具有更高的营养质量，而传统上用于加快水果和蔬菜生长速度并使之具有醒目外观的化学肥料改变了植物的特性。例如，含水量增加，果蔬失去了原有的味道。

简而言之，我们为保护环境而采取的任何行动都会对蜜蜂产生有益影响。没有蜜蜂的世界就没有未来。

常用术语

哺育蜂：工蜂，在蜂巢中的作用是喂养幼虫。

巢室或巢房：蜂巢内的六边形蜡室。蜜蜂用它们来储存蜂蜜、花粉或饲养其他蜜蜂。

单倍体：只有一组染色体的个体。

盗窃寄生：利用其他动物猎取或采集食物的一种取食方式。

二倍体：拥有两组染色体的个体。

分蜂：一群蜜蜂和它们的蜂王在离开它们一直占据的蜂巢后建立一个新蜂巢的行为。这是蜂群的自然繁殖方法。

粉筐：蜜蜂后腿胫骨的变形，以形成一个花粉篮。

粉刷：蜜蜂后腿上的一簇毛发，用于运输花粉。

蜂巢：蜜蜂的家。

蜂房：蜜蜂在蜂巢内建造的由许多小巢室组成的蜡质结构，用来储存蜂蜜和花粉，并在其中产卵。

孤雌生殖：有性生殖的类型，包括生殖细胞的发育，直到形成一个新的个体，而没有发生受精。

花蜜：由植物产生的富含糖分的液体。源自拉丁语*nectar*，意思是“众神饮用的琼浆玉液”。

家养蜜蜂：生活在人造蜂箱中的蜜蜂。

交哺：蜜蜂互相喂食或嘴对嘴传递信息素的机制。

蜡盖：蜜蜂在花蜜转化为蜂蜜后覆盖在巢室上的薄蜡层。

觅食：以获取食物为目的的行为，例如对食物或基质的寻找、探索、选择和获取。

觅食者：通常为21天或更大日龄的工蜂，在外面工作，收集花蜜、花粉、水和蜂胶。

蜜蜂面包：用于喂养幼虫的花粉、酵母和蜂蜜的发酵混合物。它是一种强大的蛋白质来源。

蜜露：吮吸式昆虫（如蚜虫）吸食植物汁液后分泌的甜味黏性物质。

蜜囊或嗉囊：工蜂解剖结构的一部分，位于食道后部。用于运输花蜜，是食物的临时储存点。

蜜源植物：蜜蜂用于生产蜂蜜的所有植物物种的通称。

受精囊：用来储存蜂王腹部的精子（精囊）的腔或囊。

下咽腺：位于工蜂头部的器官，可分泌蜂王浆。

信息素：由蜂群内部或外部的蜜蜂产生的化学物质混合物，会引起其他蜜蜂的生理和行为变化。

血淋巴：无脊椎动物的体液，通常是无色的，含有营养物质，但不含氧气。

蛹：也叫蜂蛹。蜜蜂发育的第三个阶段（在卵和幼虫阶段之后），在此期间，其外部不活动，并在经历变态发育。

种姓：根据功能对蜂群成员进行的划分。蜜蜂有三种种姓：蜂王、工蜂和雄蜂。